潜庐 CHEERS

与最聪明的人共同进化

HERE COMES EVERYBODY

U0299053

新核心素养系列
New Literacy

人人都该懂的
科学简史
History of
Science
A Beginner's
Guide

[英]
肖恩·F. 约翰斯顿 著
Sean F. Johnston

郭 雪 译

浙江教育出版社·杭州

测一测　你是否了解科学的发展历程？

1. "科学革命"一词是由（　　）创造的。

　　A. 赫伯特·巴特菲尔德

　　B. 埃尔·迪昂

　　C. 托马斯·库恩

2. 理性主义最早受到了（　　）思想家的推崇。

　　A. 希腊

　　B. 印度

　　C. 伊斯兰

3. （　　）一书详细地记录了伽利略通过望远镜获得的观测结果。

　　A.《星际信使》

　　B.《天体运行论》

　　C.《显微术》

4. （　　）是工业革命的动力。

　　A. 纺织机

　　B. 蒸汽机

　　C. 发动机

5. 科学发展的"黄金时代"是（　　）世纪。

　　A.18

　　B.19

　　C.20

扫码下载"湛庐阅读"App，
搜索"人人都该懂的科学简史"，
获取答案。

科学的历程

自第二次世界大战以来，科学史与技术史研究的重要性日益显现。短短数十载，科学经历了爆炸式发展。这几十年间，科研活动的数量超过了过去人类历史上的总和。无论是学者、政府决策者、企业家、公益团体还是科学家，都意识到了科研在扩展知识边界、推动经济发展、促进观念传播、影响文化形成方面的关键作用。

今天，人们眼中的"科学"二字在包罗万象的同时又充满争议。新闻报道中时常会出现一些吸引眼球的首字母缩略词，如 GMO（转基因生物）、BSE（疯牛病）、vCJD（变异型克雅氏病）、WMD（大规模杀伤性武器）等。我们观看的电影、购买的电子产品和药物中，无不潜藏着科学的印记。它就这样潜移默化地影响着我们的观念、能力和生活方式，甚至是心之所求。

自古以来，科学活动便是人类文化的一部分，其历史甚至可以追溯到史前时代。随着科学研究对学者和公众的影响力越来越大，科学史自然而然地吸引了更多的关注，迎来了应用的井喷式发展。19 世纪初，英国哲学家威廉·休厄尔（William Whewell）提出，科学以及科学家（他定义的新职业）是推动人类思想进步的关键因素。他于 1837 年完成的著作《归纳科学史》（*History of the Inductive Sciences*）推动了科学史的发展，使其成为一门新的学科。从维多利亚时代到大萧条时期，科学家用科学史来揭示事物进化的必然性。第二次世界大战后，美苏两国采取的不同科学发展路线均带有各自政治制度的痕迹。20 世纪 60 年代末出现的反主流文化（Counterculture）思想表明，科学史揭示了科学知识与军事力量、企业实力之间的联系。如今，历史学家眼中的科学变成了一种对文化影响深远的人类活动。

《人人都该懂的科学简史》这本书将介绍科学的发展历程，并探讨科学史研究的本质和对当代社会的重要意义。我希望为读者精练地概述科学的历史，并探讨它与人类文化的关系。由于在不同时期、不同时代背景之下，科学的定义在不断变化，所以科学史一度成为教育工作者不愿触碰的"雷区"：在理科生看来，它似乎应该更多地讨论科学发展和人类进步；但在科学于 20 世纪发展成流行文化的历程中，人文学科的学生往往对之心存疑问。本书将细致地探讨从史前时代到当代的科学演变历程，以及人类探索自然世界的理性方法的发展历程，我将用更多的笔墨去介绍过去3个世纪里科学与西方社会实践、社会目标的融合。由于本书篇幅的限制，最终成书入册的内容都经过了反复取舍，但我还是希望能够在有限的内容中，通过概述科学史的发展历程，探讨学术知识的本质。上一代人对待科学的态度发生了天翻地覆的变化，本书也将呈现这些变化的观点和其未来的发展方向。

最后，我要感谢Oneworld出版社的玛莎·菲利翁（Marsha Filion）邀我撰写这本书；感谢学生们助力，塑造了这本科学简史；感谢我的妻子丽比（Libby），以及儿子丹尼尔（Daniel）和山姆（Sam），他们给予了我无限的灵感和无私的支持。

CONTENTS

目 录

HISTORY OF SCIENCE

1

科学的前世今生

什么是科学？
什么是科学家？
科学的未来将去往何方？

科学史的古往今来

科学史究竟是什么？我想，在拿起这本书的时候，你心中可能就对这个问题有了些许期待或想象。相较于历史上的任何时期，如今你脑海中的设想可能与身边人的更为不同。

比起其他形式的历史记录，人们在撰写科学史的过程中可能会带有明显的目的性。直到现在，科学史中记录的很多对象和结论仍不断遭到质疑。你是想在本书中读到天才的人生故事，还是想了解技术突破、发明，以及随之而来的事物的进化？或是想要探索历史上那些极具挑战的科学实验，在逆境之中艰难前行的个人、机构或军队，以及他们最终是如何依靠思想和智慧取得了成功？或是你想从这本书中收获更多？当然，最后一点也是我所希望的。

放眼望去，科学史几乎涵盖了上述所有问题。不过，我们还是想为它添加更多的内容。科学家撰写的历史可能会因私心和偏见而有所偏颇，而哲学家撰写的历史又可能会因逻辑过于"清晰"而让人"食之无味"。更糟糕的是，错误的陈述可能会带来一系列意料之外的副作用：它也许会动摇人们对科学成就的信心，或是引发对那些没能达到目标的研究进行过激又无理的批评，甚至可能会断送那些聪慧的学生的前程，让他们无法再自信地将科学当作自己可以胜任的职业。

从另一个角度来说，所谓"错误的陈述"暗示着应该存在一个准确、客观的官方版科学史。那么，罗列一连串确切又无可辩驳的事实，就一定能够揭示出科学发展的源头和历程吗？诚然，对历史事件进行详细的描述无疑是十分重要的，科学史学家也早已围绕科学发现和发明展开了探讨。不过，描述大规模事件、分析其根源等行为往往会引发争议，而像本书这种覆盖范围较广的综述作品更是如此。

哪些事实意义重大？哪些历史人物又起着关键作用？自 19 世纪初开始，艾萨克·牛顿（Isaac Newton，1642—1727）便成为英国无与伦比的天才的代表人物。在他那"高大形象"的"阴影"之下，还生活着一群同样值得关注的人：与他同时代的英国物理学家罗伯特·胡克（Robert Hooke，1635—1703）设计、制造了显微镜，这种新设备推动了其他实验科学的发展；牛顿的"老对手"戈特弗里德·威廉·莱布尼茨（Gottfried Wilhelm Leibniz，1646—1716）则发现了微积分。而从后来的学术研究来看，作为英国皇家学会的会长，牛顿当年的某些行为几乎是对自己地位和头衔的讽刺。20

世纪 30 年代，在距牛顿去世将近两个世纪后，历史学家开始挖掘他的一些鲜为人知的癖好，比如对炼金术的痴迷和对《圣经》的迷恋。这些研究并不属于科学的范畴，牛顿却对它们极其执着、一丝不苟，几乎和他对科学事业的态度如出一辙。根据记载，牛顿很有可能在这些难登大雅之堂的研究上花费了更多的时间和精力。这些逸事仅寥寥数语就勾勒出了他更多元也更生动的形象。

这些思想巨人的故事是各个版本的科学史的共通之处。天才被视作榜样，也是我们培养人才的范本和标杆。对这些杰出个体的描述，不免会让人觉得思想和智慧所造就的科学的进步往往只是源自灵感的偶然迸发。人们认为这些进步是"突破"（breakthrough，这个词在第一次世界大战期间开始流行），是智慧碰撞的必然结果。我们不能简单地将公众有些片面的观点归咎于不了解历史事实。阿尔伯特·爱因斯坦（Albert Einstein，1879—1955）是科学天才的典型代表。然而，他暮年时在学术研究上的乏力、他对左派思想的支持以及他的爱情往事却鲜为人知，但这些于他毕生的工作而言意义重大。另一个在时间上更接近本书读者的人是美国物理学家理查德·费曼（Richard Feynman，1918—1988）。在被大众广泛认知的科学史中，费曼一直保持着"怪咖天才"的形象，具有非凡创造力又慧眼独具的他似乎超脱于与他同时代的人（如图 1-1）。这样的描述是否真的展现了他们人生的关键之处呢？这些非凡的个体是可以代表科学的发展，还是也许只是有悖于科学主流的个例呢？

图 1-1　理查德·费曼

　　人类编纂科学史的初衷是为了记录思想的进步。在长达 200 余年的时间里，科学史常常与哲学以及知识的提炼方法相关联。法国哲学家奥古斯特·孔德（Auguste Comte，1798—1857）将科学视作思想和历史的发展历程。在他看来（以一种可能会引起当今学术机构不满的方式），数学科学代表了思想与智力的积累，是推动人类思想发展的重要力量——原始的迷信及"万物有灵论"逐渐发展为"一神论"神学（两者都被视为虚构的原型理论），再到形而上学（"抽象"），最后到孔德所说的"实证知识"（Positive knowledge）。他认为，执着于科学势必会带来进步。这一对科学发展的乐观断言在 20 世纪大获追捧，即便到现在也仍然深刻地影响着一些实践科学家。

　　20 世纪，随着科学史兴起并逐渐得到公众认可，人们开始质疑那些关于天才和进步的假设。科学家、哲学家和历史学家的观点渐渐产生了分歧。仔细审视这些思想，我们不难发现，这些差异似乎来源于一些容易被人忽视的因素。在 1962 年出版的开创性著作《科学革命的结构》（*The Structure of Scientific Revolutions*）中，美国科学哲学家托马斯·库恩（Thomas Kuhn，1922—1996）指出，科学理论之间的争论不仅涉及重要事实，也要归咎于那些在背后给予支持的科学团体的不同观点和立场。英国广播公司主持人、历史学家詹姆斯·伯克（James Burke）的看法却截然不同。1978年，伯克在系列电视节目《联系》（*Connections*）中暗示，科学进步和技术变革是"堂吉诃德式"的偶发事件，是一系列无法预测、不具启发作用的事件，是偶然的人、地点和思想碰撞的产物。

孔德与伯克生活的时代相距不过150年的时间，两人的思想和观点却几乎是对立的。这让我们不禁发问，如果科学进步真如孔德所说是必然而确定的，那么又何必费心地去研究它的历史呢？而如果它像伯克所述只是一些偶发事件，那么科学史研究是否根本就是毫无意义的，而科学发展也是无法预测的呢？总结来说，科学史研究的驱动力和动机主要可以分为两方面。第一，历史学家和其他一些人对科学发展的复杂过程十分着迷，他们希望挖掘出这一过程中的人为影响，并对它的发展轨迹做出解释。第二，自20世纪70年代起，哲学家、社会学家和历史学家开始关注会对新知识的产生造成影响的因素，这些因素涉及多种规模和尺度，小到科研实验室的组织，大到公众认知和国家政治。早在200年前，科学发展就被视为对人类进步的直接而鼓舞人心的例证，而现在，它的"疆土"不断扩大，覆盖了更为广泛的学科。

何谓科学

随着科学史的发展，人们为研究这一学科找到了更多的理由，而作为其研究对象的"科学"也就免不了被反复推敲与审视。历史学家倾向于那些覆盖广泛、更具包容性的定义，现在人们常用的定义正符合这一标准。例如，1989 年出版的《牛津英语大词典（第二版）》将"科学"（Science）描述为"通过学习获得的知识"，或"公认的学习领域"，它涉及"已证实的真理和事实""经系统分类的观测结果"，以及"用于发现新真理的可靠方法"。《牛津英语大词典（第二版）》还给出了一个更细化的定义，即科学包括"研究物质世界及其规律的相关科研分支"。对科学史研究来说，这些释义并非都必不可少（因为词典往往更偏重于最新的词汇用法）。不过，这段看起来颇为枯燥的定义却潜藏着本书的一些核心内容：人们采用了哪些研究方法，又创造了哪些知识？真理是如何被证明的，又是由谁向哪些人展示的？如何才能最有效地观察事实和现象，并对它们进行分类？可靠的研究方法有哪些，它们又是如何被发现的？这些问题的答案对所有人来说是显而易见的，还是仍有争议呢？

告别了维多利亚时代的坚定信念后，何谓"科学"在 20 世纪变得越来越不确定。现在看来，我们似乎很难找到一个恒久有效的定义。在 16 世纪至 18 世纪这短短的 200 年间，无论科学知识还是科学实践都发生了翻天覆地的变化，赫伯特·巴特菲尔德（Herbert

Butterfield，1900—1979）等历史学家更是创造了"科学革命"（scientific revolution）一词，来描述这一时期的剧烈变革。以物理学家、哲学家皮埃尔·迪昂（Pierre Duhem，1861—1916）为代表的部分学者认为，现代科学的形式始于 12 世纪末，而早期的类似活动应该被称为"前科学"（pre-scientific）。到了近现代，历史学家又对前人的观点提出了质疑。史蒂文·夏平（Steven Shapin）认为，在这些"革命"时期中，科学的发展并不是连续的；也有学者指出，人类对自然现象的严谨观察和理性解释其实可以追溯到更早的年代。正如我将在本书中展示的那样，科学所涵盖的范围和包含的内容在每个世纪几乎都有所不同。它不仅包括我们知道的知识，也涉及人们的选择，例如，该对什么进行研究以及该如何展开研究。

科学的定义一直在不断变化着，因此确定它的边界也就成了重要课题。由于直接给出科学的定义十分困难，所以我们换个角度，总结出那些普遍共识中并不属于科学的案例，以此来帮助确定这条边界。虽然很少有教科书会提及科学的定义的变化，但是就像历史学家探讨过的那样，它的确反复遭到质疑和挑战，并为此不断做出调整。这条边界的一侧是科学，另一侧则是"伪科学"（pseudo-science），即不符合当时认知标准的研究领域。在解释新知识的评估方法和验证方法，以及理解新科学的发展历程方面，边界两侧的案例能为哲学家和社会学家提供帮助。

以颅相学（Phrenology）为例。18 世纪 90 年代初，弗朗兹·约瑟夫·加尔（Franz Joseph Gall，1758—1828）在维也纳设计出了一套大脑解剖及分类系统。他认为，人类大脑的某些部分负责特定的知识，它们的相对大小体现在头骨的形状上。10年后，在约翰·施普尔茨海姆（Johann Spurzheim）的支持下，加尔进一步发展了自己的理论，并遍访欧洲，做了一系列成功的演讲。到了1815年，自诩为科学的颅相学虽然仍为顶级医学期刊所不齿，却引起了公众的关注，大批中产阶级男性将之视为自己的科学追求。自19世纪20年代起，以当时的科学期刊为蓝本的颅相学刊物，以及受此观点影响的颅相学协会如雨后春笋般涌现出来。1838年，颅相学协会（Phrenological Association）成立，回击了当时一心想将这一学科排除在外的英国科学促进会（British Association for the Advancement of Science）。人们对头颅研究的兴趣在当时的流行文化中随处可见。19世纪中叶，马克·吐温（Mark Twain）的《哈克贝利·费恩历险记》（*The Adventures of Huckleberry Finn*），以及居斯塔夫·福楼拜（Gustave Flaubert）的《包法利夫人》（*Madame Bovary*）等文学作品中都曾提及颅相学。颅相学虽然受到公众热捧，但始终没能成为一门完备的科学。19世纪末，颇具争议的颅相学逐渐衰落，沦为了用来鉴别"天生罪犯"，以及给人类分类的技术，后来又与杂耍般的读心术联系在一起。不过，它的存在或多或少还是影响了19世纪末20世纪初的人类学以及20世纪的神经科学。

那么，颅相学是一门惨遭不公平对待，甚至迫害的科学吗？很多颅相学家对此深信不疑。他们引用了一系列确切的科学主张，希望能够为颅相学正名。这些主张包括"大脑由不同的部分组成，各个部分具有与生俱来的功能"，并且"大脑的形状由各种器官的发育情况决定"，既然"头骨会受到大脑形状的影响，那么头骨的表面形状就可以成为思想能力和心理倾向的准确指标"。然而，批评者却认为，所谓的颅相学家不过是一些未经过培训、没有公认资质的医务人员；在他们看来，颅相学家提出的"意识完全存在于大脑中"的说法十分滑稽，并指责这是一种低级的唯物主义思想（即自然过程可以充分解释有生命的事物）。后来，类似的批评之声又指向了查尔斯·达尔文（Charles Darwin，1809—1882）和他的进化论。颅相学家援引科学史的记录，抱怨自己简直就是晚生了两个世纪的伽利略·伽利雷（Galileo Galilei，1564—1642），受尽了所谓的权贵的迫害，而这些权势阶层才不会甘心承认事物的真正本质！

何谓科学家

在上一节中，"科学"的定义挑战了我们的先入之见。其实，"科学家"的概念也是如此。乍看到这三个字，你会想到什么？也许，你的脑海里会马上出现一个穿着白大褂的男性的形象，他可能供职于政府或企业实验室。然而，这种形象的形成充其量只有半个世纪的历史。再往前看，这一人物周围的环境会有所变化：科学研究不再是机构资助的项目，而在更大程度上是个人主导的小规模活动，或是某些绅士的自我追求。当我们把这台假想的时间机器切换到 19 世纪初时，"科学家"这个概念会突然间消失无踪，因为这个词是英国哲学家威廉·休厄尔在 1833 年创造的。当时，这个新名词代指行业专家，不过这个头衔一直没有得到广泛认可。物理学家迈克尔·法拉第（Michael Faraday，1791—1867）就十分厌恶把商业利益视作寻求科学知识的动机。在思想、专业和宗教等方面，早期的科学研究者和自然哲学家（natural philosopher）与现在的"科学家"都有所不同。正因如此，几个世纪以来，科学史中出场的人物的形象一直如流水般地变化着。

个人思想会发生改变，公众认知同样如此。越来越多的科学家因自身的宗教信仰或对宗教造成的影响而遭受非议，其中包括 17 世纪的牛顿和 19 世纪的达尔文。20 世纪时，公众眼中的科学家的形象变得更加多元，从行为古怪却极具创造力的书呆子，到令人敬佩的问题解决大师，再到令人不安、不靠谱却又十分强大的可怕人物。从科学史学家的记录中我们会发现，在很长一段时间里，科学从业者会因其与社会的关系得到赞颂或是遭到贬低。这也给科学史研究带来了挑战。诺贝尔化学奖得主弗里茨·哈伯（Fritz Haber，1868—1934）就是这样一个备受争议的人物，他发明了极具商业价值的合成氨工业方法，可也应该为第一次世界大战期间德国实行的毒气战负责。这样的哈伯是否应该被奉为科学家的楷模？如果是在 1910 年前后的德国，那答案毫无疑问是肯定的；可就在 20 年后，这位犹太裔科学家被迫离开了德国，而他发明的另一种强效杀虫剂被纳粹用在了他的同胞身上。通过研究这些历史事件的背景，科学史可以揭示出很多直到近期才被挖掘出来的新的事实真相，如科学与伦理、政治和国家认同之间的关系。

这本书将带你走向何方

我撰写这本《人人都该懂的科学简史》主要有三大目标。

● 第一个目标正如前文提到的那样，我希望能够概述在不断变化的文化背景下，科学的含义及其影响力的演变。本书将重点关注那些塑造了科学的思想、实践、创新、运动、个体、团队及机构组织，并分析这些思想和社会活动随着时间的推移所留下的演变轨迹。何谓科学，它是如何运作的，它带来了哪些产品和杰作？作为知识的特殊形式，科学又是如何在现代西方社会中得到推广，摇身一变成为一种强大的工具？读者还会了解到过去几代人对科学思想、实践及其影响的不同看法。本书涵盖了丰富多样、数量庞大的科学活动，但还是把更多的篇幅留给了离我们更近的历史时期。

● 第二个目标是证明科学史研究的合理性和公正性，并解释这些历史分析与现今文化的关系（警告：无论是探索历史的"事实"，还是找寻科学的"真理"，寻求"真相"这种雄心壮志都越来越多地受到哲学家的挑战）。作为写给初学者的指南，本书不仅包含了对历史案例研究的介绍，还探讨了很多影响并塑造了科学史的学术主题。书中谈到了很多不断变化的、或共通或对立的理解和认知，这些内容应该可以帮助读者更好地理解这个不断发展的学科。

● **第三个目标与前两个目标密切相关，即我希望本书能够回答"我们为什么要关注科学史"这个问题。**在前文中，我已或多或少地暗示了科学史的重要作用，至少提及了它对某些学科的影响。在后文中，我将向读者展示科学史更丰富的意义和更多元的用途。科学史的"背景故事"和潜台词可以让更广泛的受众群体有所收获。这些群体既包括关心或热爱科学技术变革的普通读者，也包括那些曾被学术界排除在外的人群，比如曾被划定在科学圈之外的女性、殖民地社会，以及有着独立完整体系的文明。正如查尔斯·珀西·斯诺（Charles Percy Snow, 1905—1980）在 20 世纪中叶所观察到的那样，科学与人文这"两种文化"应该融合在一起，实现共赢。科学史正好搭起了这样一座桥梁。它跨越不同学科，在它们之间建立联系；它对从事传媒和性别研究，以及古典学和工程学的学生而言都有着重要意义。长期以来，对知识、工艺技巧和创新工具的历史的研究，一直是文理学院和人文科学课程的基础，如今，新的学术观点的注入使其焕发了新的活力。对所有读者来说，科学史不仅有助于更好地理解过去，也为今时今日的判断提供了依据。

2

伟大的思想和可靠的方法

巨石阵和埃及金字塔为何而建？
数学领域的"代数""算法"，化学中的"酒精"等术语源自哪里？
占星术和炼金术对科学发展起到了什么作用？

我们可以透过那些令人眼花缭乱的社会和文化背景，以及交织在其中的思想、工艺实践、测量工具和人类的好奇心，去追寻科学的发展历程。在这些错综复杂的维度的中心存在着这样一个问题：**对于那些如今被纳入科学范畴的活动，某些古老的文化是如何开始接受并给予其重视的？** 在本书余下的章节中，我们将大致按时间顺序来梳理科学的发展脚步。本章将主要介绍在不同文化中曾获得肯定的科学研究方向，其中包括挖掘自然世界的规律、实用性和理性主义。我们将讲述历史上人们对这些知识系统的特征的态度，并介绍在不同文化之间、在某些特定文化内部，这些特征是如何形成并发挥作用的。

早期的知识来源：仰望天空

该从哪里讲起呢？我会尽可能把网撒得足够广，这样大家就会看到那些现已被视为科学的活动，一直以来也是很多人类文化的特征（不过在当时，它们的形式可能稍显模糊，且与现今的科学有所不同）。虽然未经全面调查不该做出断言，但是我们至少可以说，这些活动对每个人来说都并不陌生。那么，通过系统性地观察自然世界来获得可靠真理的方法，从何时开始赢得了各类文化群体的信任呢？

虽然关于远古时期文化活动的考古证据十分有限，但还是有迹象表明，**天文现象是史前社会和后世文化共同的关注点**。在如今灯红酒绿的城市里，人们逐渐淡忘了那越来越难看清的星空。天空是无数复杂现象的源泉，可现在的我们却很少再为它驻足。相比之下，工业革命前的社会是另一番光景，那时有很多人积极地研究、解释和应用天空中的现象。从某些角度来看，这些活动可以映射到如今的科学之中。

现象 Phenomenon	不明原因未被解释的或不寻常的观测事件。你眼中的"现象"在邻居看来可能并不值得大惊小怪，因为他可能已对这种事件有了令自己满意的解释。

"月亮的游走"是最明显也最有用的夜间现象，对每个能看到晴朗夜空的人来说，它都是显而易见的。在旧石器时代，人类生存往往需要依赖好的天气、动物的季节性迁徙，以及野生作物生长的周期。以 29 天或 30 天为周期重复出现的月相（如图 2-1），恰好可以提供明显又稳定的时间标记：月相周期的 1/4 约为 7 天，这也是现代公历中的一个星期。

图 2-1　天体钟表——"月相"

注：从左至右依次为新月、上弦月、满月、下弦月。（作者供图）

　　除了月相，月亮还具有其他独特的属性。比如，在星辰背景中，它每 24 个小时移动的距离大约相当于其自身直径的 26 倍。有时，它会突然暗淡下来（也就是月食）。而更特别的是，它看起来几乎与太阳一样大。读到这里，你是否能用自己已有的知识解释这些现象呢？例如，每次月食会持续多久，它在每个月相阶段都出现吗？为什么月亮看起来和太阳一样大？同样置身于灿烂星河之间，为什么月亮和太阳的运行速度却如此不同？

　　古人观察并记录了很多天文现象，其中一些呈现出了明显的规律性，有些则更微妙与复杂。古人发现，与熟悉又神秘的月亮不同，太阳拥有自己的特性。在极少数情况下，它会忽然"消失"（日食），但这与月亮的"失踪"又大不一样。对那些在远离赤道的地区生活的人来说，太阳的季节性运动规律或许更明显。每日它东升西落，每年夏季它的轨迹至高点会达到顶峰，冬季又会落到至低点。每天日照时间的长短也会呈现季节性的变化。地平线上太阳升起和落下的位置会有规律地变化，在夏季到达最北，而在冬季抵达最南。

虽然我们推断旧石器时代的人已经能够感知并利用这些现象，但由于保留下来的考古证据寥寥无几（像有缺口的骨头这样的物件很难确定其真实用途），所以这些论断很难得到证明。不过，我们能找到充足的新石器时代的证据，证明那时的人已经开始密切关注太阳的运行规律。在新石器时代，北欧和地中海沿岸等地区广泛分布着大型石头建筑群，其中最负盛名的是位于今英格兰的巨石阵（Stonehenge，建于约公元前 3000 年）。它的排布和结构似乎符合太阳每年的周期现象。那些巨型石块有规律地排列开来，有的标记了仲夏时节日出的位置，有的则代表着仲冬时节的日落点，甚至还蕴藏了其他可能的天文现象。无独有偶，新石器时代的其他人类聚居点的建筑群也展现出了类似的用途，例如，与巨石阵相距甚远的爱尔兰的纽格莱奇墓（Newgrange，建于约公元前 3300 年）和埃及金字塔（约公元前 2500 年）中的巨石通道。自 20 世纪 60 年代以来，考古天文学学者一直在努力评估此类证据。这些建筑群体现了工艺（石头打磨、吊装工程）与技术设计的结合，代表了一种能用来标记视觉观察的技术。

史前人类的惊人巨作也暗示了当时天文观测的社会意义。鉴于它们的建造成本过高，其背后无疑还蕴藏着更重要的文化意义，而不仅仅是作为巨型日历这么简单。对农业的益处可能是古人建造这些建筑群的原因之一：在气候条件恶劣的地方，作物能否获得丰收常常取决于播种和收割的时机。对严重依赖农业的古代文明而言，准确了解每年的物候直接影响到当年的收成。这些古建筑群设计巧妙，这意味着人类对物质环境规律性的分析已经有了很长的历史，

并且一直保持着对它们的兴趣，并不断提升着观察和记录这些现象
与规律的能力。

更多支持这种解释的证据存在于古人研究的更微妙的现象之
中。从历史记载中我们可以发现，一些古代文明长期进行着天文观
测活动，对天象的记录也十分普遍。除了醒目的太阳和月亮，数量
繁多的星星也被认为具有复杂的属性。它们形成了人类肉眼可辨的
恒定图案（星座），并且会以不同于太阳的速度从天空中划过，每
天在夜空中移动的距离大约为太阳直径的两倍。它们中的大部分会
步调一致地成群移动，但有 5 颗星星例外。在这 5 颗星星中，有些
比除了太阳和月亮之外的星星都明亮，而另一些则特别暗淡，总之
各有各的特点。在夜空中，这些特殊的星星的移动方式与众不同，
在浩瀚的星空中，它们仿佛组成了一个小团体，并以某种方式与
太阳关联起来。不同于天空中的其他物体（包括太阳和月亮），这
些特殊的星星中有 3 颗（火星、木星和土星）的运动规律偶尔会逆
转，似乎是在星辰中逆流而进（后来这被定名为"逆行运动"）。此
外，夜空中还会出现一些壮丽的特殊现象，比如如今我们在城市中
已经很难看到的穿越整个夜空的微弱光带，也就是所谓的银河，以
及肉眼几乎无法观测到的微弱的光团和弧线。**简而言之，夜空就像
一个装满了神秘现象的宝库，这些现象将这神秘中无穷无尽的细节
展现得一览无遗。也源于对这些神秘的向往，仰望星空还成了古代
文明中每个成人和孩童的生活日常。**

今日的科学活动，在早期社会已现端倪

这些属性不仅不断鞭策着古人开展更系统、更广泛的观察，同时也激发了他们对这些现象的解释。在现今伊拉克的土地上，苏美尔人（公元前 3500 年）曾将当时的天文观测记录下来，并将那些与星辰背景有所不同的天体和神灵联系了起来，首先是太阳和月亮，随后是那 5 颗特殊的行星。这种星体神学后来成为他们的继承者巴比伦人的宗教基础，也促使了人们进一步开展系统观察。于是，天文观测台与寺庙产生了联系，古人开始重视通过观察异常的天文现象来进行占卜的方法。留传至今的文字古籍《阿米萨杜卡金星泥板》（*Venus Tablet of Ammisaduqa*）中记录的内容，可以追溯到公元前 1600 年青铜时代人们对金星的观测。巴比伦人对行星和月球的运动进行了长期观测，历时几十年的记录让他们能够预测某些日食现象的发生。这种精确的预测虽然被深深地烙上了神学的印记，但还是向当时的人们证明了审慎观察和分析的好处，从而成功地吸引了社会对这项长期活动的投资。

反观当时与天文学共同发展起来的工艺知识，相关的书面记载则少之又少。诸如金、银、铜、青铜以及铁的勘采、冶炼和铸造之类的金属加工技术，同样是高度依赖审慎观察与实验的技艺，需要有经验的从业者把专业知识传授给后人。这些技能以及相关的技术和应用，代表着古代社会中一些现已无从考证的科学思想。

　　从书面记载与天文观测的早期联系来看，对天文现象进行分析似乎是许多早期社会的一个重要的共性。这种类型的现象不同于人世间发生的事情：**它会定期发生，一个人在一生中可以观测、记住并记录它；它具有众多独特的属性，这些属性既普遍又复杂，适用于各种程度的检验和分析。**在很多文化中，一个几乎可以触及的"天堂系统"暗示了天界和尘世的划分：天地虽疏离，但两者又与农业等世俗活动密切相关。因此，我们有理由认为天体这一重要的信息来源是一种反复出现的文化动力，推动了观测方法、理性思考、形而上学推演解释的发展。简而言之，**一些如今被归为科学的活动和方法，在早期的人类社会中已然可见端倪，尽管当时的实现形式与现今有所不同，还有可能结合了其他的文化习俗。**

理性主义，希腊人的遗产

　　通过口口相传、书面记录和工艺传统等方式，后世文化传承了前人积累下来的知识财富。审慎观察是了解长期或细微的规律的必备技能。虽然系统的观察和记录可能是很多古代社会的共同特征，但其他的"科学"实践并没有达到这样的普及程度，基于推理和细致观察做出解释的方法就是其中之一。这种理性主义受到古希腊时期众多极具影响力的思想家的推崇。苏格拉底（公元前470—公元前399）和学生柏拉图（公元前427—公元前347），以及柏拉图的学生亚里士多德（公元前384—公元前322），建立了一种能够推理自然世界和人造世界的方法。后来，这一方法发展成了西方哲学的基础。

理性主义
Rationalism | 一种哲学观点，认为通过理性、证据和逻辑可以获得可靠的知识与终极真理。

柏拉图在其著作《理想国》（*The Republic*）中这样写道："天文学让灵魂抬起了头，并引导我们从这个世界走向另一个世界。"亚里士多德的著作则道出了人们对现象做出解释的初衷，以及从中获得的满足感。天空中那无数难以解释的自然现象有的十分明显，有的则难以察觉。

希腊人对这些现象做出推理，并试图将来自人类感官的证据与有说服力的理性原因联系起来。这种对显性经验的推理与"常识"紧密相关。人们把直接经验与直觉上"觉得合理"的想法结合在一起，用以解释世间的因果关系，这一方法得到了追捧。不妨想一想你本人对自然世界的理解。如今，食物采集、导航和计时等任务都由技术来完成，因此天文学对大多数人来说已不再具有实际意义。大多数天文现象对现代人而言是这样的：**虽然我们自己无法给出充分且合理的解释，但是相信天文学家一定可以。这种对权威的信任是很明智的，也解释了为什么古希腊人的解释在后世的人和文化看来极具说服力。不过，每个人仍然会根据自己的经验继续构建着属于自己的解释。**

试想一个能帮助你探索心中的现实模型的"思想实验"。想象一枚炮弹从一列正在行驶的火车上径直射向天空（如图 2-2），它会落在地面上的哪个固定点上：是 A、B，还是 C？

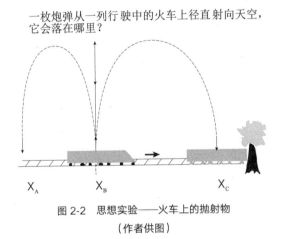

一枚炮弹从一列行驶中的火车上径直射向天空，
它会落在哪里？

图 2-2　思想实验——火车上的抛射物
（作者供图）

通过随机调查，我们获得的答案不一，以 B 或 C 最为常见。我想，亚里士多德会选择 B：他应该会说，炮弹一旦被射向天空，就会遵循它的自然趋势，即它会掉落到发射点对应的地面上。不过，如今我们公认的答案是 C：这枚向上射出的炮弹会与行驶中的火车一样向前运动，并最终掉落回车厢。如果这与你的常识相悖，那么不妨换个角度，用你的亲身经验重新思考这个问题的变体：想象你在火车里向上扔橙子，抛出的橙子是否会重新回到你手中呢？还是说，当火车飞驰的时候，橙子会悬停在空中，然后撞向车厢尾部？不，当然不会这样。橙子和你一样，都在随着火车运动，所以会完美地落回你的掌心。

这个思想实验的结果，证明了实际上我们中仍有不少人和亚里士多德持有相同的想法。诸如此类的例子表明，我们所相信的事物以及看待世界的方式通常取决于前人的理论，而不仅仅是靠自己去找寻。亚里士多德的解释变成了权威，这背后的原因也不只是它看似与常识契合。先人们对自然世界及其属性做出的分类既合理又令人满意。

柏拉图和亚里士多德都曾试图找出能够用来描述自然世界的普遍真理。亚里士多德采取的方法是识别出那些能够解释具体现象的一般属性。这些属性反过来又能解释新的观察结果。例如，他曾提出用4种元素就足以描述物质世界。这4种元素为（理想、纯粹状态下的）土、气、水和火，通过不同的配比，这些元素可以组合成世间的任意一种物质。这些基本元素各有各的属性：土和火是干燥的，而气和水是潮湿的；火与气温热，而土与水则阴冷。在自然世界中，每种元素都有着自己的位置和自然趋势。火的自然位置高于土，因此，与火相关的物质往往会向上移动并到达某个地方。例如，烟主要是火与气的混合物，所以它会升入空中；水中的气泡会从水底慢慢漂浮到水面上；主要由土元素组成的岩石则会掉落到地上——这些都是它们各自对应的自然位置。20世纪的物理学家被基于几个基本粒子的原子理论的简洁优雅吸引，与此类似，亚里士多德的追随者也对他提出的元素与自然本质的关系颇为满意。

类似这样的希腊理论不仅涉及无生命的世界，也深入到生物世界。作为与亚里士多德同时代的人，狄奥弗拉斯特（Theophrastus，公元前371—公元前287）曾撰写了一部极具影响力的植物学专著，并编制了动物、植物和矿物的分类方法。亚里士多德也曾对数百种物种进行分类，并根据自己提出的基本原则，对它们的形态和行为做出解释。就像用4种元素土、气、火、水揭示了无生命世界的本质一样，他又提出用"四大基础特性"（冷、热、干、湿），从相克与互补的角度对健康和疾病的概念做出解释，并据此提出了求得平衡和稳定的治疗方法。在其他类似这样的原则中，得到普遍认可的是希波克拉底（Hippocrates，公元前460—公元前370）的"四液论"（血液、黑胆汁、黄胆汁及黏液），古希腊和古罗马的医务工作者一直遵循着这一理论。倘若按照亚里士多德的说法，这些体液会影响人格和病症（如"乐观"或"冷漠"的病患往往是因为对应的体液过剩所致），以及治疗方法（如放血疗法）。

亚里士多德几乎从未尝试将数学与无生命或有生命的自然世界联系起来。不过，他对物体坠落的解释是个例外。这位古希腊哲学家声称，运动的量与物体的重量成正比（这意味着越沉重的物体掉落得越快），与物体掉落时所处的介质的密度成反比（这似乎能解释岩石在空气中坠落的速度要快于落入池塘后的运动速度）。这种观点有一个附带的结果，即"空"的空间是不可能存在的，因为假若它存在，物体就会以无限快的速度穿过它，瞬间填补所有空白。那么其他形式的运动又该如何解释呢？根据亚里士多德的观点，被抛出的岩石有两种运动形式。

● 第一，投掷的动作使岩石产生一种非自然的运动。

● 第二，当施加的作用耗尽后，岩石将继续它原本的自然运动，
也就是直直地落到地上。

亚里士多德的理论中还存在着第五种元素，即"以太"（aether），
这种在中世纪时被称为"精质"（quintessence）的元素被认为是所
有天体的组成部分。按照亚里士多德的说法，这种非凡的物质填满
了地球上方的空间。它是纯粹而不可改变的，是被天体恒久的稳定
性所证实的属性。以太没有热量或湿度，它的自然趋势就是绕圈运
动——这种属性与天体的另一明显属性一致。

将物理及生物现象简化为几个优雅的概念，对古希腊学者来说
是充满诱惑又令人向往的。然而，这种解释还是没能被人们普遍接
受。例如，亚里士多德的老师柏拉图采用了不同的推理方式，他的思
想主要以几何为指导原则。比如，四大元素对应着从美学角度看令
人愉悦的4个正多面体，即正四面体、立方体、正八面体和正二十面
体，分别拥有4个面、6个面、8个面和20个面。其中"最尖锐"的
正四面体对应着那炽热的火焰；立方体是最不像球形的一个，因此与
土元素有关。第五大元素以及天体对应的是柏拉图正多面体中的正
十二面体。天体沿着圆形轨道运动，后者被视为最完美的几何形状。

在希波克拉底、苏格拉底、柏拉图和亚里士多德之后的几个世纪里，希腊人对自然界的理解虽然有所发展，但这些进步都没有跳出前辈们定义的那些令人满意的框架。亚里士多德认为，以太造就了天体的不朽与恒定。从希腊人能够获取的早期文献来看，天文知识的确是十分稳定的，并且值得投入智力劳动。对亚里士多德天体理论最有说服力也最有用的改进，出自克罗狄斯·托勒密（Claudius Ptolemy，83—161）的《天文学大成》（*Almagest*）。这部著作成书于约公元150年，其时托勒密生活在罗马统治下的埃及。原作名称采用希腊语，意为"数学论文"或"大论文"，"天文学大成"这个名称则是受到了阿拉伯语的影响，意为"伟大的书"（Great Book）。当然，托勒密还取得了很多重要的成就：他的《地理学指南》（*Geographia*）涵盖了当时罗马帝国所有已知的地理和制图信息，而《占星四书》（*Tetrabiblos*）则成为他那个时代最受欢迎的占星术读物。此外，托勒密还研究了音乐的数学属性和光的性质。

在《天文学大成》一书中，托勒密基于当时的观测结果，以及古希腊和古巴比伦的天文记录，精心设计出了亚里士多德所描述的天体模型。这一模型的精巧绝伦之处不仅在于它的复杂性，还在于它能在遵循亚里士多德基本原理的基础之上，很好地模拟出真实的天文观测。托勒密所构建的系统离不开一系列优雅的圆周运动。所有天体的运动（甚至包括5颗已知行星的不规则运动）都可以通过圆周运动做出解释，这些圆形轨道被称为"本轮"（epicycle），而这种轨道又围绕着更大的"均轮"（deferent）运动（如图2-3）。

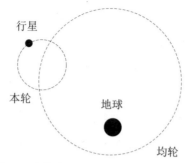

图 2-3　托勒密的天体运动系统（作者供图）

《天文学大成》与《自然史》

古希腊思想历经千年仍得以流传，这表明科学解释的力量可以超越文化更迭的变迁。在成书之后的 1 500 年里，《天文学大成》不断传播，影响了很多人。书中所提及的计算方法经后世之人的改进和修正，与天文观测更加契合。它的寿命之长令人惊叹，尤其是考虑到公元 150 年至 17 世纪间社会文化所遭遇的巨大变迁，整个社会都受到了影响，经历了合并、消亡及推陈出新。新的宗教体系，尤其是基督教和伊斯兰教迅速席卷中东地区，并将希腊思想的元素融入自家的神学体系。文化变革时期，科学实践发生的变化是科学史学家关注的重点。

罗马人对希腊自然哲学的补充较为罕见，但不可否认的是，希腊思想潜移默化地影响了罗马学术界，并主要以汇总编著和百科全书的形式出现。其中较为突出的是老普林尼（Pliny the Elder，23—

79）的《自然史》（*Naturalis Historia*），它是中世纪学者的重要参考读物，也是流传最久的罗马著作之一。公元 4 世纪，罗马世界正式被基督教化，希腊哲学独特的世界观、基督教神学以及罗马法律也越来越协调一致。

自然世界是一个精心构建的舞台

新兴的组织和机构为科学知识提供了崭新的发展渠道。修道院成为后罗马时代人们研习古代思想的场所。虽然早在公元 3 世纪时埃及就出现了零星的僧侣，但是直到几个世纪之后，修道院才遍布欧洲，聚集于此的僧侣也成为重要的社会团体。修道院变身为工业、农业以及知识保护的中心。例如，在现今的英格兰东北部地区，"尊者"比德（Venerable Bede，672—735）曾供职于本笃会修道院。公元 731 年，他完成了首部记录这片土地上的居民的著作《英吉利教会史》（*The Ecclesiastical History of the English People*）。

罗马人修订的百科全书不仅让世代积累下来的知识得以流传，还成为修道院学者的重要学习素材。这些书籍经由专人（比德也是其中之一）誊抄复制，然后传给修道院图书馆，因此关于希腊知识的内容并不完整。罗马帝国一分为二后，希腊化的东罗马在经由不同统治者控制的过程中，逐渐失去了与西罗马的政治联系。随着东正教采用独特的神学基础，基督教的发展使东罗马和西罗马进一步分裂。这也导致希腊语这门重要的古代学术语言在西罗马逐渐凋零，却在拜占庭帝国得以传承。纵观当时的欧洲，希腊书籍的拉丁文译本十分罕见，而且大多是归总记录了希腊思想的百科全书。柏拉图和亚里士多德的很多著作不幸失传了。

事实上，正如历史学家已经意识到的那样，我们现在对古代文化中的科学知识的理解仍不全面。知识的实践及实施方法等无法由文士誊录的资源更是下场凄惨。1900 年考古学家在古希腊沉船中发现的"安提凯希拉装置"（Antikythera Mechanism），就是这样一个令人遗憾的例子。据估算，这个已被严重腐蚀的青铜器的制作年代可以追溯到公元前 1 世纪。这个老古董是一种复杂的计算设备和天文仪器，器身铭刻着冗长的操作信息。在它的帮助下，古人可以预测太阳、月亮和行星的位置，以及其他一些已知恒星的升落。这台复杂的齿轮机器是一个非比寻常的幸存者，现存的希腊文献中没有任何与之相仿的记录。它作为一种科学工具所体现出的复杂性，甚至可媲美 18 世纪才面世的钟表和太阳系仪。令人遗憾的是，由于相关历史记录的缺失，研究希腊科学的历史学家只能无奈地专注于文化思想，而无法深入挖掘与之相关、共存共生的工艺知识及手工技艺。

即便如此，古希腊的一些科学研究还是逃过了时间的劫难，得以留存下来，最终以其他文化遗产不曾经历的方式传承给了后世社会。早在公元前几个世纪，古印度学者就开启了数学、医学和天文学研究，而在西方，类似的成果直到罗马帝国分裂后才逐渐显现。不过，对地中海世界来说，其他的文化都太过遥远、孤立，难以对其科学发展产生重大影响。在文艺复兴之前，东方的文化和物品对西方国家来说遥不可及，得以抵达欧洲大陆的货品都经历了一环接一环的长串交易。这种运转方式限制了知识的传播。在漫长的旅途中，故事和证据或被添油加醋，或被腐蚀破坏，或干脆由人杜撰，旅行者带回来的信息往往并没有科学价值。至于那些复杂的工艺方法，有的彻底遗失，有的则被成功采纳。包括瓷器（从公元600年左右开始由中国出口到中东地区）在内的物品在抵达西方时都是已成型的商品，而没有附带任何制作方法。直到16世纪，欧洲人才了解到存在于中美洲的独特文化，及其孕育的完全独立的天文学、数学和建筑学。可即便看到了这一切，利欲熏心的冒险家和基督教传教士仍然视而不见，甚至主动破坏了当地人的记录和建筑。因此，知识在不同文化之间的流传往往只有昙花一现且屈指可数的个例。

从古代世界到中世纪早期欧洲文化的过渡对理性思想产生了重要影响。在基督教化的过程中，知识无可避免地出现了内容贬值。人们的知识来源从古代权威变成了《圣经》。在这一过程中，那些已经被接受的发现方法和评估方法（即所谓的认识论）也发生了变化。

认识论
Epistemology | 对知识和知识体系的哲学研究，以及发现它的可靠方法。

早期的基督教与成就了它的罗马帝国一样，鲜少强调科学知识，而更推崇那些实用的信息。例如，对托勒密作品的研究之所以得以延续，是因为它可以帮助确定每年复活节的日期，而这正是早期不同地区的基督教会之间的矛盾之源。

除了功利主义的神学问题，基督教还在希腊的理性主义之上添加了精神、圣礼和象征性的真理。根据《圣经》的解释，亚里士多德的科学观可以用来说明自然秩序。地球和上帝的子民生活在宇宙的中心，并受到来自神域的监督。为了对照这些说法，基督教在亚里士多德的模型外添加了一个额外的球体，这也是对其宇宙学说唯一重大的改动。

这些对知识概念的调和与改造也延伸到了对自然和生物世界的解释。历史学家小林恩·怀特（Lynn White Jr，1907—1987）指出，基督教强调人类是由上帝特别创造的，这种待遇不同于周遭的一切。人类对自然的统治被解释为上帝的旨意，而人类的创造活动以及一生之中的行为都是为了实现上帝的计划。一些生态学家认为，这些意识决定了西方国家对自然环境和可持续发展的态度。根据基督教的解释，自然世界是一个精心构建的舞台，其上上演着无数富有宗教意义的剧目。基于这样的世界观，仔细观察现象并深入思考其中蕴含的因果关系，除了夸赞造物主的荣耀外，似乎也没有别的用处了。

阿拉伯世界，古代知识的流通渠道

基督教并不是人类历史上唯一采用、修改过希腊自然哲学的宗教，甚至也算不上其中最重要的那个。实际上，在转录、改编并应用希腊知识方面，中东地区的自然哲学家比早期欧洲的基督教徒更高效。这一点在伊斯兰教兴起后变得更为明显。**这里的文化既是古代知识的流通渠道，也是科学创新的源泉。**通过对比科学在不同文化中的表现形式，历史学家可以更好地理解时代背景对科学发展的影响。

公元 632 年，穆罕默德（Muhammad）去世，在此后的很长一段时间里，伊斯兰社会陷入了宗教与政治领导权的缠斗。然而，只用了不到一个世纪的时间，伊斯兰教的势力就迅速扩张到了中东、北非和西班牙。在公元 8 世纪至 13 世纪的伊斯兰黄金时代中，这一宗教文化得到了进一步巩固。

伊斯兰教培育出的文化环境，造就了其独特的科学知识形式。造成伊斯兰教与基督教科学发展方向不同的原因之一，就是双方采用的知识来源不同。早期的基督教学者承袭了罗马百科全书编纂者编辑的简明读物，伊斯兰社会则汲取了来自波斯、印度和希腊的古代以及新近的知识。

此外，阿拉伯学者还对古老的权威著作进行了修改和扩展。与同一时期西方痴迷于对《圣经》的解释不同，伊斯兰人的《古兰经》强调了实践和经验观察的重要性。希腊人强调理性，伊斯兰学者则重视实验。实验技术在中东的发展比欧洲更早，进步的速度也更快。伊斯兰学者的研究涉及广泛的领域，而且都颇具成效，从天文观测台（当然，那时还仅能凭借肉眼进行观察）到外科技术，甚至还促进了新药物和新材料的研发等。值得一提的是，数学也被应用于实验观察，这是与古希腊方法的显著区别。

伊斯兰新科研方法的代表是伊本·海什木（Ibn al-Haytham，又名海桑，965—1039）的作品。他完成于1021年的著作《光学》（*Optics*）梳理了一套极有条理和章法的研究流程，甚至与现代科学方法颇为相似：在描述了无指导的观察后，会陈述问题、提出假设，并通过实验进行验证，然后分析实验结果，得出结论，最终发表研究成果。在《光学》一书中，海什木便采用这种方法来探索光学现象，并给出了令人信服的解释。这种方式在早期自然哲学家之中实为罕见。

在伊斯兰黄金时代，阿拉伯科学带来的实践及抽象结论均超越了同时期欧洲的成果。后来，这种知识形式逐渐传播到欧洲，在孕育西方科学方面起到了重要作用。在中世纪基督教和伊斯兰教的交界地区（尤其是西班牙及西西里岛），欧洲学者获得了大量用阿拉伯语撰写的书籍和文章，并将它们翻译成了拉丁文。到了 12 世纪，大量新知识涌入欧洲，其中包括希腊、印度和波斯的古老文化，以及阿拉伯世界新兴的天文学、炼金术和医学。不过，这一过程并非简单的知识传播，因为作为中间人的阿拉伯学者对原著进行了悉心编辑，并添加了自己的解释及其他知识。现今的很多科学术语就是从当年伊斯兰学者的文字中舶来的，比如数学领域的"代数"（algebra）、"算法"（algorithm），化学中的"酒精"（alcohol），天文学中的"毕宿五"（金牛座 α 星，Aldebaran）、"河鼓二"（天鹰座 α 星，Altair）、"参宿四"（猎户座 α 星，Betelgeuse），如此种种都蕴藏着阿拉伯文化的痕迹。阿拉伯数字系统（这是阿拉伯人从印度数学家那里获得的财富）的引入虽然没有这些术语惹眼，但对后世的影响更深远。这种新的计数方式比欧洲一直沿用到中世纪的罗马数字简便得多。

随着新的阿拉伯知识流入欧洲，西方学者开始重新仔细检查文献中丢失的文字，并评估内容。对希腊及阿拉伯思想进行重新包装并扩展的一个重要例子，是学者约翰·德萨克罗博斯科（Johannes de Sacrobosco，又称 John of Holywood，1195—1256）的作品。德萨克罗博斯科是不列颠群岛（今苏格兰南部）奥古斯丁修道院的修行僧侣，曾在牛津接受教育，后来前往巴黎，成为中世纪第一批大学的数学教授，主要教授数学课程。他过世后，墓志铭中对他的描述是"计算家"（computist），或时间计算者。凭借著作《天球论》（On *the Sphere*，约 1230 年)，德萨克罗博斯科跻身中世纪最受欢迎的作家行列。这本书是天文学基础专著，描述并解释了托勒密系统，并吸纳了阿拉伯的天文学知识。在 250 多年的时间里，它被反反复复地手工抄录，成为很多大学的教科书。自 1472 年起，这本书开始由印刷机复印，到 17 世纪末，刊印的版本已达 90 多种。

从 12 世纪开始，在基督教、伊斯兰教以及更古老的文化资源的影响下，人们开始主动重新审视科学知识。这种融合与合并意味着更快速的改变，当然也会带来新的动荡和冲突。

从"魔法"到"科学"

行文至此，我们仍然在讨论特定文化里现代科学的某些可识别属性的演变过程，尤其是对理性主义、经验主义和实验技术的态度转变。然而，对科学理念的信任基础是在一种充满竞争思想的环境中产生的。科学史学家越来越多地将注意力集中在其他形式的知识上，并展示它们与科学的紧密联系。正如第 1 章所述，扩大视野范围能够帮助我们更好地定义什么"不是"科学，从而发掘出其他形式的知识中所潜藏的科学实践的根源。

古希腊人发展出了一套理性哲学，偏好用几何、数学和力学解释来理解世界；伊斯兰学者的研究和应用则强调实验探索、工艺技能和手工业知识。不过，在这些地区以及其他文化中仍然有学者采用了不同的解释方式。其他形式的信仰或多或少都掺杂了神秘或宗教的成分，有的则源于一些较为隐秘的知识类别。不过，人们最终还是从"魔法"一步步走向了"科学"。**与早期科学共同发展起来的两种重要且普遍的知识是占星术和炼金术，它们的演变过程向我们展示了更广泛的文化背景，以及科学的定义和科学活动是如何形成的。**

科学实践缓慢地发展起来。正如希腊文化以及早期基督教、伊斯兰教对希腊著作的修改和扩充所显示的那样，知识并不是一定会不断丰富壮大。不同文化感兴趣的知识主题、解释和社会应用都有所不同。即便是在中世纪欧洲的基督教社会中，知识的框架也是由相互对抗的组织团体以各种方式搭建的。

这些知识的主要区别在于各自对世界的解释。那些由希腊学说发展而来的分支（也就是所谓的新柏拉图主义［Neo-Platonism］）认为自己不同于亚里士多德学派。在公元 4 世纪的希腊世界中，新柏拉图主义吸引了一众追随者（虽然这个术语直到 18 世纪才出现）。它重新唤起了人们对柏拉图思想的兴趣，并试图将之与其他哲学、神学传统融合起来。

这种新思想对早期基督教和伊斯兰教世界都造成了影响，尤其是希波的奥古斯丁（Augustine of Hippo，354—430）的著作。在新柏拉图主义的基本概念中，宇宙是一个层级森严的组织，最高统治者只有一个，即"唯一真神"（the One）；构成宇宙的抽象形式和规律是神圣造物者的手笔；这种创造的框架是永恒不变的。在定义西方基督教及其自然界的概念方面，奥古斯丁的著作对后世有着深远的影响。

到了 12 世纪，当基督教和伊斯兰教开始产生交集时，亚里士多德的哲学思想受到伊斯兰学者的青睐，在欧洲逐渐发挥出了比柏拉图的思想更大的影响力。越来越多的基督教学者开始探索经验方法，并通过观察和分析得出结论。这一时期的代表人物是英国方济各会修士罗吉尔·培根（Roger Bacon，1214—1294）。培根研读了海什木的作品，并接受了海什木审慎的实验方法。受到伊斯兰文献的启发与影响，培根的著作涉及广泛的科学问题，其中包括光学、历法改革和炼金术。

占星术与炼金术

柏拉图思想与亚里士多德思想的相互作用，其实可以从两者对不同知识体系的影响中瞥见一二。如前文所述，占星术的历史可以追溯到史前时期。在中世纪晚期，这门知识本身以及描述、传播它的文本变得越发详细，也更加正规。这时，两种传统方法展开了竞争。对于所谓的自然占星术（Natural astrology），我们可以将其理解为亚里士多德学派科学的一种延伸。它所关注的是天文事件和地球上的自然事件之间的映射关系，比如天气、农业产量，以及流行病等大规模人类事件，甚至国家的命运等。决疑占星术（judicial astrology）则希望通过天象来预测重要个体的命运和走向。两种占星术的相同之处在于均采用天文观测、计算和分析（或解释）。本命盘（nativity）是指人类个体出生时的天体图，卜卦图（horary）则更像是做出预测时的映射关系，两者均是重要时刻的"天宫图"（horoscope）或时间图。

不过，占星术分析所依赖的并不只是天体的位置。在占星师看来，每个天体都有众多不同的属性，这些属性决定了人们可以做出的解释。例如，行星与男性女性、干湿冷热、职业与专业、颜色、疾病、身体器官等都有关联。在这些因果之间，人们设置了一系列精心的联系。因此，行星在某个星座中的位置（即"宫位"[house]）可以根据这些关联进行解释。反对这种看似理性的方法的炮火主要集中在它的复杂性上，批评者认为这意味着很难进行可靠的分析。这些解释大多是训练有素的占星师通过解析多层意义之后总结出来的。剥开这个"天体洋葱"的过程，与能够模拟行星运动的托勒密计算存在着本质区别。占星观察与解释、基础理论之间的关系对非专业人士来说很难辨别。因此，这类研究分析往往会受到来自学术界、神学和社会的多重阻碍。

相比之下，炼金术可以算得上是西方直接从中东地区舶来的知识。"alchemy"这个词本身就表明了与阿拉伯和希腊的联系，因为在阿拉伯语中，"al-khem"意为黑土；而希腊语词根"chemeia"的意思是打造金属锭，"chumeia"意为从植物中提取汁液或浸剂。早期炼金术是对材料进行分离和组合的技术集合，其在埃及、希腊和印度社会中的实际操作要比在伊斯兰文化中早得多。不过，这种技术是在伊斯兰学者的参与之下才得到了快速发展。阿拉伯人为炼金实验研发了一套专业设备，可用于蒸馏、提取、过滤以及融合化学物质，这些仪器与现代化学实验室中的设备十分相似。这些最早的炼金术活动，以及它后来转化为化学的那部分永久遗产，都坚定地遵循着实践方法。

12世纪时，随着阿拉伯语文献的引入浪潮，炼金术也顺势进入了欧洲。阿拉伯语的炼金术著作描述了之前一千年里中东地区研发的化学程序和仪器装置。这些文本几经辗转，最终到了少数有能力阅读、写作和研究的西方人手中，这些人大多是宗教团体中的男性。西方人不仅把这些内容翻译成册，还对它们进行了扩充，其中的典型例子就是彻斯特的罗伯特（Robert de Chester）于1144年出版的《炼金术概论》（*De Compositione Alchemiae*）。在13世纪，关于炼金术的专业文献主要由林肯郡主教和雷根斯堡主教编写。身为牧师的培根是受伊斯兰自然哲学启发的新一批基督教学者的代表。

随着进一步的扩张和发展，炼金术逐渐与那些雄心勃勃的抱负以及未知的魔法力量产生了联系。在之后的一个世纪里，教会对炼金术的宽容终于消耗殆尽。方济各会和多明我会（Dominican Order）

均下令禁止教授相关主题的内容。到了 14 世纪，炼金术甚至被归入了异端邪说。炼金术士被贴上了魔法师或巫师的标签，被认为是极度危险分子，因为他们拥有的神秘力量似乎超越或绕过了作为神秘守护者的上帝。这种非宗教的知识形式在人们眼中充满了魔力，同时又让人困惑和怀疑。为此，炼金术的实践者不得不用精细的编码文本来保护自己写下的文字。因此，这门知识被限制在了那些通晓其中关窍的人手中，也就是那些研习过这一主题，熟悉术语、行话和符号意义的专家。1475 年刊发的《神的珍贵礼物》(*Precious Gift of God*) 中的这段话，就展示了炼金术文献中错综复杂的层级和隐喻：

> 我是白中之黑、白中之红、殷红中的柠檬黄。当然，我是一个真正的说客，而非江湖骗子。要知道这里的红色是乌鸦，它在那夜的黑色中、在那明净的白日里无翅翱翔。那颜色是它喉咙中的苦涩，是从它身体里取出来的红，是从它背上流下的清水。理解神之恩赐，接受它，隐藏它，让那些不够智慧的哲人无法触及，因为它并没有被藏在那金属的矿洞、动物或明亮的颜色之中，或是高山和广阔的海洋里。

理解并应用这些炼金术文献所需的专业知识可以通过各种途径获得，然而这一切与中世纪的大学或修道院教授的方法大相径庭。炼金术士可以通过学徒生涯中获得的专家指导来了解这门学科；他也可能会通过一些特殊的苦行或是生活中的沉思，获得专属于自己的启示；他还可能通过对文本的刻苦研读以及亲身实验，逐渐挖掘出文字中隐藏的知识。与占星术中天体层级繁杂的属性一样，炼金术的术语、描述和插图中都布满了晦涩的象征意义。

神秘学
Occult | 源自拉丁语 "occultus"，意为隐藏的，是指那些有别于神学和科学等传统来源的知识。

文艺复兴时期，新柏拉图主义在欧洲重获新生。阿拉伯语文字资料的译本流行开来，也激发了 15 世纪的学者对古代知识的向往。在接下来的 200 年里，一些知识体系（尤其是占星术和炼金术）变得更加完善和正规，并且被赋予了象征意义。它们都发展成了被世人广泛认可的成熟技艺，这些复杂的技艺十分精妙，而且可塑性极高。

不同的社会组织可能会与某些特定的知识体系"结盟"，17 世纪的英格兰就曾出现这样的案例。当时，英国议会派（"圆颅党"）与支持查理一世国王的保皇派（"骑士党"）展开对抗。那时，最负盛名的占星大师是威廉·里利（William Lilly，1602—1681），他通过 1647 年发表的著作《基督教占星术》（*Christian Astrology*）迅速推广了这一学科，这也是第一部英文占星术文献。作为文化运动的一部分，圆颅党的成员对里利的预测结果满怀信心，积极准备着与骑士党战斗。当时的国王虽然也咨询过占星家，不过里利和他那巧妙的技艺却被认为是偏向"民主化"的。里利不仅预测国王会被较低阶级的对手打败，还为普通人带来了既危险又具煽动性的知识。

其结果是，英国人对占星术的支持带上了明显的宗教和政治色彩。这种宗派支持也是导致占星术在英国走向衰落的主要原因。1660年，查理一世的继任者查理二世复辟，他的支持者认为占星术是对君主权威的不尊重。在保皇派看来，占星术是一种亵渎神灵的占卜，完全建立在虚妄的假设之上。同年，这位新上任的国王出资成立了英国皇家学会，这一决定暗示了他对占星家的不屑，也标志着科学的崛起。

然而，炼金术并没有像占星术那样一蹶不振。它在 17 世纪经历转型，从原本的神秘工艺逐渐变成了一种公开传播的科学。英国皇家学会的两名重要成员（我们将在第 3 章中进一步讨论）也是相当活跃的炼金术士，分别是学会创始人之一罗伯特·波义耳（Robert Boyle，1627—1691），以及后来的会长艾萨克·牛顿。作为传统炼金术转型期的重要人物，两人在遵循传统方法的同时，不断探索炼金术在数学领域的应用。事实上，那些希望对牛顿做出客观评价的历史学家，总是会用"最后的魔法师"或"最后的炼金术士"来寻求人物的平衡。在 1661 年出版的《怀疑的化学家》(*The Sceptical Chymist*)一书中，波义耳摒弃了当时的主要科学理论，并列出了至今仍然广受认可的元素。此外，他还提出了关于气体的体积与压强的数学定律。

炼金术和化学这两门学科有着不同的基础、概念和目标。炼金术在诸多方面都与新柏拉图主义融合，并吸纳了微妙的神秘诠释。

中世纪炼金术的重要指导思想是有关一种特殊物质的概念，这种物质能将某种形式的材料转化为其他形式。随着炼金术的发展，"贤者之油""投射粉末"或"贤者之石"积累了一系列特殊的属性，例如，它可以将"贱金属"（锡、铅、铁等）转化为"贵金属"（银和金），还能增强体质、延年益寿，甚至让人永生。

相比之下，新生的化学更具经验性和实证意义。由于极少掺杂象征主义或晦涩难懂的解释，化学与神学或形而上学的联系也就较为疏离。因此，化学的传播更迅速也更公开，它重新修订了一些概念，并取得了不错的成果。不过，对此二者的这种粗略比较在某种程度上是存在偏差的。想必 17 世纪的炼金术士并不会同意我的上述评断。他可能会争辩称，化学研究的目标过于狭隘。炼金术试图解释的是自然界各方面之间的相互联系，并将物质、生命形式、药物、宗教真理与哲学的意义和目的联系起来。他可能会说，关于炼金术的著作中所描述的"神秘学"或"神秘主义"哲学反映了深刻的整体大局观，而化学家却故步自封，只关注那些即使是非专业的观察者也能发现的最原始的现象。他会辩称，虽然炼金术士从未向广大群众公开展示过"贤者之石"，但炼金术的成就和目标都要高于化学。我们的炼金术士还可能会说，他的研究将整个世界联系在了一起，使之成为一个合理且连贯的系统。

如果某个评论家没有偏袒之心，那么他可能会对早期化学与末期炼金术进行更公正严谨的对照比较。而且，并非所有关于新化学的主张都是浅显易懂的。例如，英国皇家学会的早期研究项目中包括"真空泵"（air pump），当时的学者对这一研究的解释是，它将创造出新的人造实体（"真空"），不过它的存在以及合理性都备受争议。精通仪器操作的研究人员开展了巧妙多样的实验，对这些实验的解释是哲学上争论的焦点。在接下来的一个世纪里，化学家发现了一系列气体（氮、氧和氯），这些气体的属性和炼金术士分离出来的物质一样微妙。

对当时的观察者来说，新旧知识形式之争本就难分难解。而对科学史学家来说，这些争论挑战着我们公平地对待那些对立的知识主张的能力。通过思想、神学、社会和政治方面的冲突，"魔法"与"科学"的对抗持续了两个多世纪。当回顾历史时，人们会称这种对抗是革命性的。

HISTORY OF
SCIENCE

3

一场接一场走进死胡同的革命？

科学革命如何从无到有？
为什么说蒸汽机是工业革命的动力？
达尔文主义的起源与发展说明了什么？

当局者迷，旁观者清——某个时代的思想和实践的变化程度，在后世之人眼里可能更清晰也更明显。后世的观察者可以通过自己解释和划分世界的方式，来确定历史上的快速发展期。

20 世纪的历史学家确定了多个这样的历史时期，并对它们展开了深入研究。不过，对于每次科学变革究竟持续了多长时间，又有多少创新是连续的或是偶发的，学者们仍然各执一词。本章将聚焦几个特征明显的快速发展时期，它们被后人命名为"科学革命""工业革命""启蒙运动"和"达尔文革命"。

除此之外，我们还将介绍阿尔弗雷德·魏格纳（Alfred Wegener，1880—1930）的地质学，以及它所涉及的辨识与判断知识革命的难题。这些复杂的社会变化和思想剧变，通过多种方式促进了新概念、新实践，以及观察世界的新视角的形成。

新文化、新物种和新自然现象，科学革命的重启

在之前的章节中，"科学革命"这个词已数次登场。然而，只有在回顾过去的时候，我们才能清晰地看到它所带来的历史性变化。20世纪，学者们对科学革命的力量和断续性多有争议。然而最新证据表明，中世纪时，人们的实践活动就逐步展开，对自然界的理解也发生了深刻的变化。从16世纪到18世纪，一系列大胆的假设、新的发现方法和传播知识的新途径结合在一起，为欧洲人塑造了截然不同的世界观。在大约两个世纪的时间里，"新科学"或"新哲学"吸引了一众拥趸，并逐渐取代了当时的正统观念。

回溯过去，这场科学革命其实并不乏先例。我们可以将其视为文艺复兴运动（Renaissance，意为"重生"）的产物，后者始于14世纪的意大利。文艺复兴运动重新唤起了人们对古典文化的兴趣，并惠及了多才多艺的艺术家和发明家，例如，大名鼎鼎的全才莱昂纳多·达·芬奇（Leonardo da Vinci，1452—1519）——请不要将他和我们在后文中会详细介绍的伽利略相混淆。这种思想和实践的网络在北欧扩散开来，它不仅重新建立起了人们对学术研究的信心，还激起了学术界对积极观察和研究自然界的兴趣。

除了对人文研究的重视和对人性的关注，人们也开始重视实用发明，包括火药、活字印刷术和指南针等（虽然早在几个世纪前，

中国人就发明了这些技术并投入使用）。这些发明提供了社会力量，传播了知识，并增强了探险者和商人的信心。探险活动（尤其是16世纪初对美洲的探索）帮助建立了新的贸易路线，并重振了欧洲经济。美洲"新世界"的面纱由此被揭开，而在探险中发现的新文化、新物种和新自然现象，也让学者们认识到古典权威的观点既不足够充分，也不绝对可靠。

我们将单独探讨与这一时期相关的新方法，以便评估其起源和意义。通过第2章我们不难看出，追踪那些逐渐边缘化的科研主题对科学史研究来说是非常重要的。正如历史学家约翰·亨利（John Henry）所指出的那样，**科学革命之中"革命"的诸多方面之一，就是重新定义科研主题的方式。人们会分解知识体系，并将其重新组合成新的结构。学科之间的界限或多或少会变得模糊，科学也因此更具包容性。这一点非常关键：在此期间，科学思想的演变不仅得益于新发现的积累，也是因为人们对已知事物重新做出了评估。**

新哲学改变的不仅仅是人类对自然界运作方式的理解，还有人类获取、传播和应用知识的方法，以及人类与上帝的关系。我们将在第4章中探讨与神学相关的内容，本章则会关注其他方面。

重新审视与巩固知识体系

如果相仿的概念已为人所知，那么新想法的引入就会相对容易一些。在第 2 章中，我们强调了希腊文化对中世纪思想的影响。得益于留存下来的著作和早期基督教会对古代文献的选择性过滤，亚里士多德成为当时自然哲学领域的权威。然而，在文艺复兴时期，人们重新审视了其他希腊哲学著作，进而对所谓的权威提出了挑战。于自然哲学而言，最重要的当属柏拉图的著作，它们强调了数学对解释自然的重要性。柏拉图认为，几何学不仅提供了工艺方法和计算技巧，还揭示了自然理解的神秘层次。这些思想在文艺复兴时期得以"复活"，也突出了理性对于理解自然界各个方面的重要性。这种对理性的强调在某种程度上挑战了对亚里士多德主义的普遍解释，后者强调了感官经验在验证知识方面的重要性。

经验主义 Empiricism	一种认识论学说，认为只有通过感官体验才能获得可靠的知识和终极真理。

与此同时，与魔法有关的文字记录也得到了恢复。与数学一样，魔法也从古代世界演化而来，却几乎被排除在中世纪的自然哲学之外。这些形式迥异且古老的知识形式共同激起了人们对旧权威的挑战，并催生了新的评价体系。自然哲学的发展路径被颠覆，这些新发现的文稿在丰富了内容的同时，也破坏了原本的权威认知。**新的探索致力于将旧观念与新知识融合在一起，并试图把理性主义**

和经验主义结合起来，应用于对自然问题的解释。

这种重新审视也涉及已经建立起来的知识体系。本书从史前天文学开始讲起，展现了自古以来人类就重视规律并希望能对其做出解释，人类的这一属性与环境特征（晴朗的天空）、社会需求（狩猎和后来的农业）和手工技能（比如用于校准标记的石器）结合起来，产生了一些我们通常认为是科学的特征。人们普遍认为，天文学是科学革命期间推动变革的重要因素。

当时人们对古代权威发起的最著名的挑战，当属对托勒密派天文学的质疑。托勒密的天体数学模型成功地解释了人们对天体运动的观测结果。凭借这一模型，托勒密不仅可以解释星星、太阳和月亮的运动，还能解释5颗已知行星相对于星空背景的往复运动，甚至它们的亮度变化。在1 300多年里，他的模型被一代又一代天文学家视作必要的研究方法，被反复应用、改进和调整，这些过程无疑都是对其价值的极好检验。对托勒密的支持者来说，这个模型所呈现的毫无疑问就是天体最真实的样子。

现实主义 Realism	一种哲学观点，认为解释可以精确地描述物理现实的真实本质。

即便如此，托勒密体系也无法摆脱它那与生俱来的矛盾之处，即它违背了亚里士多德的观点。在亚里士多德看来，所有天体都围

绕地球进行着完美的圆周运动，而托勒密则认为其中一些天体以更复杂的方式运动。虽然二人都认为圆周运动是天空中的物体唯一的自然运动形式，但是托勒密模型中的行星会围绕着看不见的中心（本轮）绕圈，而这些中心本身又会沿着更大的圆圈（均轮）运动。尽管没能对这些"非自然"运动的原因做出解释，托勒密体系仍然被人们视作一个精确的数学模型，而不是像亚里士多德那样"不言而喻"的展示。

重塑世界观

经过几个世纪的观察，托勒密体系的缺陷"不出意外"地被发现了。不过，这些问题可以通过调整托勒密模型中为本轮和均轮设定的数值来解决。若想得到更精确的观测结果，就需要进一步调整这些数值，为此，天文学家逐步增加了模型中本轮的数量，从而更好地拟合观测结果。虽然这种调整偏离了托勒密模型原本的简洁优雅，但是这些改动都被视为对原理论的阐述，而非谴责。从理性角度看，托勒密模型之所以表现出可延展和可适应的特性，是因为中世纪的学者将它视作一种工具，而非物理现实。

工具主义
Instrumentalism | 一种将所有被接受的事实或理论视为有效假设或临时真理的哲学方法，即仅将其作为进一步获取知识的仪器或工具。

充当数学预测工具的托勒密模型逐渐与亚里士多德的天体观脱节了。于是，宇宙学和预测天文学就这样"分道扬镳"：一个解释事物的本质，另一个则模拟天体运动。

通过调整模型参数来拟合观测数据的过程，使人们跳出了对更深层意义的思考和挖掘。就是在这样一种学术环境中，波兰天文学家尼古拉·哥白尼（Nicolaus Copernicus，1473—1543）开始寻找提升天文观测计算精度的方法。令人意外的是，他提出的数学解决方案是一个与托勒密体系截然不同的新宇宙体系。在托勒密的构想里，地球在整个复杂的天体模型中处于中心位置且保持静止，而哥白尼则认为地球围绕一动不动的太阳做圆周运动。托勒密模型以地球为中心，而哥白尼模型以太阳为中心。单纯从工具的角度来看，哥白尼模型毫无问题。它用较少的圆圈就实现了较高的精确度，这意味着在实践中它更易计算，所以不失为一种方便实用的工具。然而，从现实主义的角度来看，这却实属令人不安的挑衅。亚里士多德和托勒密以及当时的学术正统一致认为地球是静止的。倘若地球会移动，那么势必会产生一些难以预见的影响。因此，哥白尼模型不可能也不可以代表现实。但正如哥白尼在 1543 年出版的《天体运行论》（*On the Revolutions of the Heavenly Spheres*）一书序言中所论述的那样，他最终还是相信，这一模型在数学上所体现出的精妙必定会忠实地反映现实世界的真理。计算工具和宇宙学模型有必要协调一致。

然而，这个数学方法却给自然哲学带来了严重的问题。回想我们在第 2 章中描述过的思想实验：想象一个物体从行驶中的火车里向上射出。那么，如果我们从旋转的地球上向上发射一个物体，会发生什么呢？根据亚里士多德的观点，假若地球在不停转动，那么在物体垂直向下坠落的过程中，地球仍会继续旋转。对所有站在移动的地球表面进行观察的人来说，先上升后下降的物体似乎应该侧向移动，然后落向偏西的位置，也就是说它会被（地球的自转）甩在观察者身后。而且如果地球在旋转，那么一个更显而易见的证据应该是我们会时刻感受到强风，鸟儿一旦离开地面就会被甩出很远。根据亚里士多德的物理学理论，地球必须是静止不动的，所以哥白尼模型充其量只是一个简洁但不切实际的构想。

哥白尼的宇宙观也挑战了亚里士多德主义中的一些基本观点。如果地球不是宇宙的中心，那么"次级"球体（地球和月球之间的区域）与"超级"球体迥然不同的自然运动该如何协调呢？圆周运动对月球上方的"第五基质"（即"精质"）来说十分自然，但在它以下的空间中，垂直运动占了上风。这样一来，又该如何定义"上"和"下"呢？

出于上述原因，公众未能全然接受《天体运行论》。"太阳是宇宙的中心"这一观点几乎遭到了所有人的拒绝，神学家和自然哲学家当然也在其列。然而，这部著作却因其在数学上的优雅和精练而广受赞誉。其结果是，人们对哥白尼这部作品的看法呈现出了一种近乎精神分裂般的状态。对大多数人来说，哥白尼体系是一种便利的数学工具，但并不代表现实。它只是一个计算工具、一种算术捷径，亚里士多德的宇宙论才忠实地描绘了宇宙的真实情况。虽然哥白尼及其追随者对现实主义充满信心，但他的反对者只是保守地接受了这一模型，暂时将其视作一个可以自圆其说的设想或达到某种目的的手段。与托勒密基于本轮的模型一样，哥白尼新模型的受众也可以划分为现实主义者和工具主义者。

虽然大多数人认为这种数学模型并不需要现实基础的支撑，但也有人希望两者能够协调统一。例如，第谷·布拉赫（Tycho Brahe，1546—1601）曾将自己的天文观测结果拟合入一个新的模型，这个模型要求地球是静止不动的，太阳围绕地球做圆周运动，其他行星绕着太阳旋转。在这个模型中，"地球上的"亚里士多德物理学与"天空中的"哥白尼模型得以调和。布拉赫的助手约翰尼斯·开普勒（Johannes Kepler，1571—1630）则回归了哥白尼思想，并做出了一些细微但重要的调整。他认为，行星轨道实际上是椭圆形而不是正圆，它们的大小由柏拉图式的几何关系决定。

新一代天文学家还抨击了亚里士多德的宇宙观，认为每颗行星可以独立地移动，而不是沿着一条确定的曲线运动，或是被固定在一个精妙的水晶球上。不过，他们并未提出新的行星轨道机制来取代亚里士多德那令人满意的自然圆周，但强调了天文观测和物理模型之间的联系。

数学家伽利略也是哥白尼学说的支持者。与哥白尼、布拉赫和开普勒等天文学家一样，在当时，伽利略的职业在知识层次上被认为要低于自然哲学家的位置。和之前提到的几位天文学家一样，伽利略也试图将自己所在的领域与自然哲学结合起来。伽利略的很多实验、观察和理论都向亚里士多德的概念发起了挑战，并促进了数学解释和经验知识的结合。

伽利略的一些著作在现代人看来可能并不起眼，但在当时的人眼中却充满了对主流观点的挑衅。例如，在对运动（运动学，kinematics）的研究中，他通过实验确定了所有物体都以相同的（与重量无关的）加速度下落，这与亚里士多德所认为的"较重的物体"掉落得更快相矛盾。伽利略还指出，所有的运动都可以被拆解为一个或多个独立运动的组合。例如，炮弹之所以沿抛物线运动，是因为炮弹同时具备向下的加速度和加农炮发射时提供的恒定的水平速度。总之，这两个实验结果为第 2 章的思想实验，以及"地球旋转时人为什么不会被强风吹跑"这两大难题提供了答案。同样重要的是，这些理论又一次将哥白尼理论带回了现实。

作为第一位将新发明的望远镜应用于天文学的学者，伽利略还获得了可用于反对亚里士多德的主张的确凿证据。1610 年出版的《星际信使》（*The Stellar Messenger*）一书详细地记录了伽利略通过望远镜获得的观测结果。这些观测事实又一次挑战了亚里士多德对天体的描述。伽利略对金星的观察显示，这颗行星存在着类似于月相的相位变化；在哥白尼的模型中，金星和月球相对于太阳与地球的位置发生了变化，因此也能对这一现象做出解释。除此之外，伽利略还观察到 4 颗围绕木星运行的卫星，这又与亚里士多德和托勒密的理论相矛盾，但在更新也更自由的宇宙理论中是合理的。他对月球的观察表明，月球并不是完美的，也不是一成不变的，而是像地球一样存在着平原和崎岖的山脉。这一发现引起了人们的不安。20 多年后，也即 1632 年，伽利略的著作《关于托勒密和哥白尼两大世界体系的对话》(*Dialogue Concerning the Two Chief World Systems*) 出版，它根据哥白尼和亚里士多德不同的自然哲学原理，对比了他们看待世界的视角。这部著作仿照了学者之间的辩论，对证据和理论进行了理性讨论，有理有据地论证了哥白尼学说，认为他的理论直截了当、合乎逻辑、符合事实。

即便如此缜密，伽利略的主张仍然未能赢得所有人的支持。首先，这些理论都依赖于一种新式的、学术界并不熟悉的科学工具——望远镜。作为当时的新生事物，望远镜本身的准确性还未得到充分验证，难以说服批评家和天文学家。望远镜观测采用了不同于传统裸眼天文学的技术，因此在争论观测的可信度之前，有必要先讨论这项技术的可靠性。为什么望远镜在地球和超地球体这两个截然不同的地方都能奏效？在那个忌惮巫术的时代，有人甚至认为望远镜受到了魔鬼的影响，是一个会引人误入歧途的装置。我们会在第 4 章中讲到，伽利略坚定地拥护自己的观点，导致与意大利教会的某些成员结怨，他的理论因此遭到抨击，他的个人自由也遭到限制。

争论数学和现实

在科学革命时期，新哲学家的一大重要功绩就是推动数学与自然哲学逐步融合。在此之前的学术界则存在着一种双层体系。一层是哲学家，他们将自然界的形式和事物的起源理论化，这个分支对应着希腊人定义的"知识"（episteme）。另一层是数学家和天文学家，他们设计计算方案，并致力于为有用的目标提供解决方案。第二层中的学者通常都在大学任教，他们与测量员、引航员和木匠等算术与几何的实际使用者十分类似。这种知识体系被希腊人称为"技术"（techne），被认为是一种与较低层次的知识和低等级的社会地位相关联的工艺。根据这种传统的体系分层，数字和数学关系只是对事物本质的苍白展示，自然哲学家则探索着世间万物的本质。出于这些原因，伽利略先后被任命为比萨大学和帕多瓦大学的数学教授，他也由此迈向了通往成功的阶梯。无论是从思想还是社会意义来讲，伽利略的成就都和通过分析、实验把数学与自然哲学关联起来密不可分。他对天主教教义的威胁正是源于这种关联所造成的影响：他认为，哥白尼体系不单是对事实观察的简洁方便的描述，而且它本身即是现实。这种计算方法催生出了一种新的世界观。

数学地位的提高也推动了新科学实践文化的崛起。17世纪时，自然哲学家所称的"机械哲学"（Mechanical philosophy）或"新哲学"（New philosophy）与传统学术形式有所区别。**除了对自然的数**

学化持开放态度外，新哲学家越来越依赖于仔细的直接观察，而不是盲目遵从古老的权威。伽利略曾用精心设计的实验（如对球的斜坡下滑加速和摆锤摆动加速的计时）来说明，实验的观察结果在经过简化处理后具有更高的价值。人工实验可以把某种现象分离出来，以便人们系统地、定量地加以研究。

除了重视实验外，新哲学家还强调了信息共享的重要性。像英国皇家学会这样的新兴科学学会的成员经常聚在一起观察某个实验，交流他们所看到的现象，并探讨该如何解释这些现象。他们认为，相较于个体观察，共享经验中掺杂的主观色彩更少，因此更具洞察力、更高产。实际上，经验（expérience）这个词在法语中仍然代表着实验（experiment）。

收获对生命形式的深刻理解

集体观察和共享经验的效果有目共睹，对这些实践活动的书面描述更是让它们的影响力倍增。描述性文稿和插图成为新科学（尤其是生命科学）的重要特征。出于这个原因，科学史学家一直保持着对这些文稿的兴趣。

这个领域的代表人物之一是医师、解剖学家安德勒斯·维萨留斯（Andreas Vesalius，1514—1564）。他于1543年出版了扛鼎之作《人体的构造》(*On the Workings of the Human Body*),通过翔实且相对准确的插图对解剖学做出了解释。在帕多瓦大学担任解剖学教授时,他曾经公开在教学活动中解剖尸体。这些操作展示为公众提供了一条不同于常规的知识获取途径,并绕过了公认的生物学权威,如亚里士多德和罗马医生盖伦(Galen,129—200)的著作,转向了手术操作等实践知识。在以往,这些知识的地位一直低于从古代书籍中习得的内容。与伽利略的天文观测挑战了亚里士多德的理论一样,维萨留斯的解剖也质疑了盖伦著作中的许多细节。

与物理学采用的新方法一样,生物学的解释也变得更加引人注目。作为医学教学和生物学研究的核心方法,解剖越来越受欢迎。这种实验知识让人们能够通过观察得出更完善的结论。在维萨留斯通过分析解剖细节做出的诸多推断中,有一个是关于血液流动的理解。维萨留斯认为,心壁上的穿孔可以解释血液在身体中的流动。他在帕多瓦大学的后继者提出了不同的血液流通线路,这些理论最终在威廉·哈维(William Harvey,1578—1657)的实验观察中得以确认。从某些方面来看,哈维借鉴了亚里士多德的求知方法。他的实验研究不仅旨在对事实的描述,同时也关注着对原因的解释。哈维甚至比维萨留斯更进一步,他通过研究动物解剖学与人类的对应关系,打破了医学传统,并获得了对生命形式的更深刻的理解。

这些研究所对应的目标和方法改变了生物学(及其相关文稿)的地位,使其从对自然历史的描述转变为了自然哲学的一大领域。

哈维对解剖证据的综述分析与其同行的理解正好相悖。他认为，血液的循环是通过两条通路实现的：第一条将血液输送到肺部，第二条则将血液输送到其他身体器官。在老前辈盖伦看来，这两种类型的血液（静脉血和动脉血）分别起源于肝脏和心脏，并会被身体器官消耗。然而，根据哈维的说法，静脉会将血液输送到心脏，心脏内的瓣膜则确保了血液流动的方向。最重要的是，哈维认为肝脏在血液循环中并没有发挥主动作用，在人体这个没有尽头的闭合循环中，心脏充当了"泵"的角色，推动（而非"吸入"）血液在动脉中流动。在 1628 年出版的《心血运动论》（*On the Motion of the Heart and Blood in Animals*）一书中，他对这一分析进行了总结，并搭配了翔实的插图，从而巩固了自己的理论基础。

分享知识和评估真相

帕多瓦大学的解剖学家在论文中展示的精确、逼真的细节图示，在过去的传统论述中并无先例。从某种意义上说，中世纪早期论述自然哲学的作品类型是非常丰富的。当时，对自然的描述最普遍的是所谓的动物寓言集（bestiaries）。这种读本与神学理解融为一体，将在自然界中发现的动物物种的纲要或名录与伦理道德教训相结合。很多这类故事都是基于那些带有基督教色彩的古老传说，就像亚里士多德的理论被用来充当中世纪基督教哲学的理论支柱一样。例如，公元前 6 世纪的希腊著作《伊索寓言》（*Aesop's*

Fables）中描述的河狸的故事，就属于这类作品。在这个故事中，河狸在被猎杀或走投无路时会撕下自己的阴部，这样一来，没有了对于制造药物来说很有价值的睾丸，它们于猎人而言就失去了经济价值，所以这些小动物便能凭此逃脱魔爪。读者从中得到的教训十分清楚明了：一个人如果心性纯洁，他就可以从魔鬼的掌心逃脱。除此之外，鹈鹕的故事讲述了父母对子女的溺爱；狮子则被赋予了"百兽之王"的形象，是能够饶恕弱者或俘虏的高贵生物。

通过将道德教导与准确性有待考证的"事实"相结合，自然哲学的外延不断拓展，以适应一种高高在上的世界观。在新哲学家的眼中，这些描述实则比那些毫无用处的文字还要糟糕。动物寓言集提供的知识是不可靠的，自古以来，其内容不断被一些文人拙劣地化为己用。在这一过程中，原本的内容被篡改或美化了，还时常有人添枝加叶。文稿里附带的插图通常也只是象征性的而非写实的，并且大多是由那些从未亲眼见过这些动物的抄写者绘制的。

对于同时代的占星家和炼金术士所撰写的书籍，新哲学家也提出了批评。如第 2 章中所提到的，炼金术的实践者试图将他们的技艺和对其的解释限制在内行人手中。这些文稿通常融入了神秘主义和象征性描述。因此，关于炼金术的著作比动物寓言还要艰深晦涩，只有那些通晓其解释方法的专家才能理解。这种隐晦和神秘也导致炼金术士宣称的神奇成果难以得到比较验证，就连如法炮制也十分耗时：这些描述模棱两可，有时甚至会带来对立的释义；实验细节介绍得不够详细,文稿本身又故意写得晦涩难懂、含糊其辞。这导致在 17 世纪的许多哲学家眼中,有关炼金术的实践和文稿堪称效率低下、无用之极的典型。不过艾萨克·牛顿却是个例外,他花了相当长的时间去搜集、阅读和研究炼金术文献(而非数学物理学),并希望复制其中提及的实验。在这一点上,他本人行事极为隐秘,没有公开发表过任何与炼金术相关的文章。

与动物寓言、占星术和炼金术方面的文章不同,17 世纪的新科学期刊试图摆脱象征主义的影响,力求用简单的语言描述观察结果。描述和论证都是直接而明确的,这不同于以前那些只有受过高等教育的人才能理解和解释的神学典故。这样的文本和实验可以被更广泛的受众接受,从而促进了知识的迅速发展。

这种新文化的典型代表是罗伯特·胡克。在牛津大学学习时,胡克成为罗伯特·波义耳的助手,他制造了早期的真空泵,并将其用于实验。1660 年,英国皇家学会成立,凭借毛遂自荐和其他学会成员的推荐,胡克成为实验负责人。这些实验涵盖了当时最令人们好奇的事物,比如空气的性质、呼吸的生理学意义、引力的本质等。1665 年,胡克的著作《显微术》(*Micrographia*)出版并斩获盛誉,书中详细描述了显微观察,并配上了相应的插图来解释。相比旧时的动物寓言,这本书采用了尺寸较大的高精度注释图片(其中一些出于阅读效果考虑,还进行了折叠处理),展示了跳蚤、植物细胞和其他微观奇景。这些注释图片本身就体现出了革命性。胡克最突出的能力是他的手工和创造技能，尤其是实验仪器的设计。正如牛顿在发明反射望远镜时所认识到的那样，手工艺知识对于观察和实验来说至关重要。

新的哲学理念带来了一种风格上和哲学上的改变。它整合了无生命和有生命世界中的新概念、发现世界秩序的新方法，以及描述世界的新风格。新哲学摈弃了当时已有的描述风格，转而开始推广一种新的、有意识的思考和写作的标准，以及对世界和人类地位的新论述。科学期刊中的精简描述均出自相关从业者之手，而非文人或绘图员的作品。这些文本力求客观，作者只是细心的观察者和记录者，并试图在这个过程中保持"隐形"。他们认为，**大多数时候我们都是通过观察获得发现，这种经验应该公开或共享。用简单的语言来编写和记录实验过程与结果，可以让人们更方便地重现这些实验。这些文章把读者变成了实验的虚拟证人。**

然而，必须承认的是，这种新的科学文化也有意地牺牲了一些具有悠久历史和丰富价值的传统。与占星术和炼金术相关的神秘主义体现了自然万物之间的相互联系。新科学的实践者却认为，人们可以通过人工实验拆解并分离出自然的本质。如第 2 章所述，不同于对炼金术和占星术的宽泛又盘根错节的理解，新哲学聚焦于更狭窄的领域，以实现特定的目标。新哲学家采用了一种略显低效却令人满意的整体论，并抨击了知识原本的传播壁垒。

荒谬的"拉普达"

如前面的章节所述，处于不同文化背景、不同年代的人都清楚地了解到研究自然的意义。然而，直到弗朗西斯·培根（Francis Bacon，1561—1626）的出现，理性知识与人类控制环境的能力之间的关系才引起了人们的重视。培根与威廉·莎士比亚（William Shakespeare）生活在同一时代，在英格兰国王詹姆斯一世在位期间青云直上，升任司法部长和大法官。培根提出了一种有条不紊地发现和应用新知识的方法。1626 年出版的《新大西岛》（New Atlantis）是培根笔下的乌托邦，他在书中概述了一种有组织的科学研究形式。在这部小说中，培根描绘了"所罗门宫"（Saloman's House），这是一所位于孤岛上的科学学院，这里进行的实验旨在造福外面的社会。这所学院从世界各地搜集信息，然后邀请专家团队分析这些信息，并加以拓展和应用。

培根所提倡的不仅仅是一种思想扩展体系，他将知识本身与社会和民族地位的提高联系起来，并认为这与基督徒的理想和人类的好奇心是一致的。他笔下的乌托邦"所罗门宫"不仅致力于发现新知识，还关注这些知识的应用。培根认为，发明可以改变人类社会。《新大西岛》所描绘的社会及其公共组织的设计形式背后的理想主义，与几十年后出现的第一批科学社团的目标颇为相似。

如前所述，这些想法是对宗教和哲学信念的挑战。在一个人们普遍认为世界容易受到神迹影响的社会中，为什么要浪费时间去研究上帝可以随意改变或绕过的规律呢？而且，获取和应用自然界的知识听上去也是在挑战上帝的权威。对不同的人来说，培根的观念或令人兴奋，或让人感到惶恐不安。

对培根的理论以及追随他的新哲学家的驳斥数不胜数，其中最著名的是乔纳森·斯威夫特（Jonathan Swift）于 1726 年出版的《格列佛游记》（*Gulliver's Travels*）中的一章。格列佛是一艘搁浅船只的船长，他曾造访拉普达（Laputa），这是一个借助悬浮技术飘浮在云层中的岩石岛屿。脑袋长在云中的智者居住在这个岛上并控制着它。智者通过数学公式和音乐进行交流，就连吃的东西也是按照柏拉图多面体（正多面体）来切割和摆放的。不过这些智者的生活却显得很不接地气，他们不会吃饭、洗澡，甚至都没有几件耐穿的衣服，日常生活起居全靠仆人服务。在描述这群人正在开展的研究时，斯威夫特的文字就变得更加犀利、更具讽刺意味。拉普达的学者研究的课题与人们的常识相悖。他们的研究项目虽然建立在数学逻辑的基础上，却违背了常理，比如房屋应自顶向下建造、油漆的颜色应由盲人调制等。这些荒唐的研究还包括从黄瓜中提取阳光、把冰变成火药，甚至还试图把排泄物变成食物——在一个混乱的世界里，这些研究无异于缘木求鱼。

值得一提的是，这个岛的名字"拉普达"在西班牙语中的意思是"妓女"（la puta）。这暗示了作者斯威夫特本人早已意识到这种科学研究不仅荒谬，而且在道德伦理上也值得怀疑。更可怕的是，浮岛的统治者可以通过威胁遮蔽下方的土地，并剥夺"下层人"的阳光和雨水来发动战争，甚至可以真的（用浮岛）"碾压"那些试图反叛的城镇。在那群毫不接地气却又只手遮天的学者的控制下，拉普达代表着盲目的科学研究可能会带来的威胁。

斯威夫特比照当时的英国皇家学会"创造"了拉普达。《格列佛游记》批判了某些科学研究的成本、实用性和目标。这种荒谬又劳民伤财的研究完全是徒劳的。对许多人来说，这映射了对自然哲学的公正评价。身为英国皇家学会的赞助人，查理二世对学会成员潜心研究的海上经度测量方法满怀兴趣，但据说他本人也觉得这群人有关空气重量的讨论既滑稽又荒诞。**即使在科学革命的最后阶段，对自然哲学家来说，文化权威仍是让人捉摸不透的存在。**

工业革命和手工艺知识，新物种正在被制造出来

17 世纪初期，培根极大地推广了为人类福祉而进行科学研究的概念。他还提出，应将以目标为导向的发明视作科学知识的本质目的。

在 1620 年出版的《新工具》（*Novum Organum*）一书中，培根将印刷术、火药和指南针列为改写了文学、战争和航海的发明。在早期的著作《学习的进展》（*Advancement of Learning*，1605 年）中，培根预测了有章法的科学方法可能会为哪些领域带来新发现。例如，他认为新的力量和发明不仅能延长人类的寿命（这是当时炼金术士的

目标），还可以通过"为土地提供丰富的养分"来改善农业，并带来"新思路和新生事物"。而诸如"战争和毒药等毁灭性工具"的力量则迎合了国家层面的需求。其他的概念在我们现代人听来可能会更耳熟，比如改变"肤色和胖瘦"，产生"可掌控的精神愉悦"，提供"更多的感官享受"，等等。如果说这些药理学方面的效果听起来很有吸引力，那么其他一些能力即便对于今天的我们来说仍然是遥不可及的，例如，"注入或根除某些思想"，"召唤风暴"，甚至"制造新物种"。

问题的关键在于积极应用知识。正如培根所说，"人类要明白……'旁观'是上帝和天使的特权"。培根在 1597 年说出的那句"知识就是力量"（Knowledge is power）很快就成为工业界的至理名言。

在接下来的一个世纪里，科学革命带来的新哲学改变了机械、工具、技术和科学知识的概念。"哲学机械"（Philosophical machines）成为新的科学学会集体研究和讨论的焦点，并在不久之后演变成了向富裕阶层传授科学知识的方法。真空泵是 17 世纪的重要发明，它可以用于研究空气、真空、呼吸以及生命的特性。基于真空泵的实验曾经主导了当时的哲学讨论。在之后的 100 年里，其他一些设备也获得了人们的关注，其中包括能够积累电荷并放电的电机，以及用于研究视觉感知的光学装置。在这种新环境中，像胡克这类通晓手工艺技术的创造型研究人员自然更具优势，商业仪器制造商也不例外，他们不仅可以为航海家和土地测量员供给钟表与海事测量仪器，还能为自然哲学家提供研究和教学工具。

当然，在这群创新型工匠的手中，工具制造也能为科学发展添柴加薪。波义耳在 1671 年发表的《实验哲学的实用性》(*The Usefulness of Experimental Philosophy*) 中指出："现在的一些工厂不仅可以服务于本土科学家，还能为外国科学家供货。"

人们对机械创造以及新的感官延伸设备的热情，推动了经验学习的发展。自然哲学终于可以由工匠来实践，而不再像以往那样，仅能由那群终年沉浸在阅读和思考中的学究参与。手工艺知识通常是经由学徒制传授的，在古代，这一直被视作奴隶或其他未受过教育的人的技能。通过解读幸存的希腊遗作，我们发现当时的知识体系中存在着等级差异，即自然哲学的发展不同于数学等应用技术。在不同的文化背景下，学术研究和工艺技能在记录与传播知识方面风格迥异，因此往往会被区别对待。相比之下，新哲学则强调了通过手工艺知识进行实证学习的重要性。这同样对当时的社会产生了影响，那些没有接受过正规教育或没有特权背景的人终于可以拥抱新的机会。

在一些历史学家看来，培根所倡导的知识应用方法非常适合新教徒，尤其是 18 世纪的卫理公会派教徒。卫理公会派重视学习和生产性工作，因此更渴望去发明、使用新型机器，并将新哲学理想与商业联系起来。事实上，自 20 世纪末以来，对社会背景的研究一直是科学史上的一个重要课题（我们将在第 7 章中进一步探讨这部分内容）。

在培根辞世 70 年后，英国皇家学会才开始重视新发明，并逐步采用机械创造来辅助科学探索。17 世纪末时，一个迫在眉睫的实际痛点是如何抽出矿井中的存水。这个棘手的问题在当时具有相当重大的经济意义。1699 年，托马斯·萨弗里（Thomas Savery，1650—1715）向英国皇家学会展示了自己的解决方案——"火动机"（fire engine，又称火力发动机）。火动机虽然无法从康沃尔郡的深矿井中抽出存水，但后来陆续出现的新蒸汽发动机弥补了它的缺陷。1712 年，托马斯·纽科门（Thomas Newcomen，1664—1729）发明了一种可以投入使用的大气蒸汽机（atmospheric engine），他很可能是受到了英国皇家学会的科研项目的启发。在接下来的半个世纪里，纽科门的这项发明推动了蒸汽发动机在欧洲的普及和应用。

萨弗里和纽科门的发明与科学研究的关联并不明显，相比之下，在詹姆斯·瓦特（James Watt，1736—1819）的发明中，这两者之间的联系和相互作用才变得清晰起来。当时的瓦特还只是格拉斯哥大学里一个年轻的仪器制造员，他的任务是与自然哲学家约瑟夫·布莱克（Joseph Black，1728—1799）合作，共同负责修复一台用于展示的纽科门蒸汽机。布莱克率先提出了"潜热"（latent heat）的概念，后来瓦特也有了相同的设想，这个概念能够支撑起更为高效的蒸汽发动机设计。凭借着布莱克提供的启动资金，瓦特建造了一个全尺寸模型。后来，马修·博尔顿（Matthew Boulton，1728—1809）与瓦特达成合作关系，在投入了大量资金与付出很大努力后，终于将瓦特蒸汽机从理想变成了现实。这款设备最终于 18 世纪 70 年代末面市，主要用途是矿井抽水。博尔顿和瓦特将工程创新与科学原理结合起来，不断对蒸汽发动机进行改良，从而进一步拓展了产品的市场。这些改善和调整包括将泵的自然往复运动转换为旋转运动的设计专利（对应的新产品被用于纺织和磨坊）、速度调节器（这是150年之后出现的"伺服系统"的前身），以及引入了能够生成压力与体积关系图表的指示机制（这是一种重要的分析和操作工具）。

蒸汽机是工业革命的动力，它体现了技术创新与科学知识之间的紧密联系。对一些企业家和工匠来说，不同社会阶层的融合进一步加强了这种联系。18世纪末和19世纪初活跃在英国伯明翰地区的月光社（Lunar Society）是一个非正式社团，其成员包括大名鼎鼎的博尔顿、瓦特、化学家约瑟夫·普里斯特利[①]（Joseph Priestley，1733—1804）以及工业家乔舒亚·威基伍德（Josiah Wedgwood，1730—1795）等科学名流。月光社的影响力甚至辐射到了距离更远、覆盖范围更广的圈子中，美国人本杰明·富兰克林（Benjamin Franklin，1706—1790）、托马斯·杰斐逊（Thomas Jefferson，1743—1826）以及很多其他的发明家、工程师、工业家、政治家和科学家都远程参与了这一团体。

这些活动并不意味着只有科学知识对工业产生了积极影响，这

---

① 约瑟夫·普里斯特利是现代化学之父，氧气的发现者。他一生致力于建立创新的生态，他是富兰克林的门徒，也是杰斐逊和亚当斯的启蒙者。他的故事被《伟大创意的诞生》一书作者史蒂文·约翰逊写进了《助燃创新的人》一书。这两本书的中文简体字版已由湛庐文化引进。——编者注

种作用实际上是相互的。月光社生动地诠释了一种超越了等级制度的兴趣集合团体。在 18 世纪和 19 世纪，技能、信息与实用的应用之间的关系相当复杂。

詹姆斯·焦耳（James Joule，1818—1889）的成就表明，在科学变革中，手工技能的影响不容小觑。身为富有的酿酒商之子，焦耳在 30 多岁时积极地参与家族生意，与此同时，他又对科学产生了兴趣，并将其当作日常的消遣。他在电力和热力学领域取得的成就，实际上都受益于酿造方面的专业知识。例如，他对热功当量的精确研究得益于酿酒师控制发酵过程所需的测温技术。最初，在英国皇家学会成员的眼中，焦耳充其量只是科学界的半吊子，后来这位"门外汉"却与威廉·汤姆逊（William Thomson，即开尔文勋爵）有过合作。

在 18 世纪和 19 世纪，瓦特和焦耳这样的工匠推动了新的实用知识的发展。他们的技能让对新现象的精确观察成为可能，同时解锁了自然哲学家在此之前从未探索过的领域。发明本身不仅具有经济意义，还成为思想和社会地位的象征。与技术相关的工作的地位得以提升，技术本身则成为影响文化变革的重要因素。

启蒙运动，敢于对一切理性质疑

科学革命让人们逐渐意识到，通过合理的调查研究方法，可以更好地理解自然，甚至可以完全了解自然世界。在这之后的 300 年里，这一观念逐渐在西方社会传播开来。人们开始尝试将理性方法应用于新领域，由此便进入了"启蒙运动"（The Enlightenment）时期。启蒙运动开创性地将科学世界观应用于关乎人类生存的基本问题。虽然关于它的介绍通常会被排除在自然科学史之外，但启蒙运动仍然是社会科学崛起的重要推力，并影响了科学与宗教之间的关系。

这场思想运动将理性方法应用于人类社会的各个方面，影响了很多（但并非所有）18 世纪的欧洲学者。正如哥白尼对太阳系的观察和解释挑战了曾经的权威亚里士多德一样，启蒙运动中的学者也对人权权威提出了挑战。他们将哲学从对自然界的考察带入了新的领域：政治、道德伦理和社会制度。在发表于 1784 年的《何谓启蒙》（*What is Enlightenment？*）一文中，伊曼努尔·康德（Immanuel Kant，1724—1804）将"启蒙"定义为"人类脱离自己所加之于自己的不成熟状态"（引自何兆武翻译版本），并指出导致这种不成熟的原因并"不是缺乏思想，而是在没有指导的情况下，缺少独立思考的决心和勇气"。工业革命给社会带来了很多不确定因素，甚至是令人不安的变化，这进一步促进了理性方法和规划思想的崛起。普里斯特利直接将科学和社会联系起来。在1775 年发表的《不同类型空气中的实验和观察》（*Experiments and Observations in Different Types of Air*）一文中，他指出，"快速获得知识的过程"让我们有能力"在这个启蒙时代中……消除错误和偏见",并警告说,"如果在英格兰的等级制度中存在不合理之处,那么它就会在真空泵前、在电机前震颤"。这种思想的影响深远而广泛。在更广泛的文化中,启蒙思想所包含的积极的思想方法和社会目标与科学密切相关。时至今日,启蒙思想仍然影响着西方社会。

与科学革命一样,启蒙运动并没有明确的起点和终点,也没有清晰的发展脉络。但在 200 余年后,当我们回望这段历史时,却可以清楚地辨识和描绘出启蒙运动的特征。**启蒙运动中的关键人物并没有建立起一套公认的共同信念,而是鼓励理性质疑,并增强了人类对理解和提升自身能力的信心。这种对共识认知的怀疑也导致了深刻的变化。正如科学革命重建了"自然界"的概念一样,启蒙运动鼓励人们在新的伦理准则和社会组织形式的基础上重塑社会。**

例如,康德认为,评判人类行为是否得当属于理性问题,而非宗教权威或社会传统的范畴。他所构建的道德体系提供了一个可以由他人批评、修正的合理框架。法国哲学家伏尔泰(Voltaire,1694—1778)比康德要早一代人,他也认同经验和理性方法可以改善人类的境况。他的著作不仅表达了对宗教教条主义的反对,也包含了对无神论的批判。在他看来,无神论会导致道德沦丧。伏尔泰支持思想自由,反对政府的暴政。英裔思想家托马斯·潘恩(Thomas Paine,1737—1809)曾于 1776 年参加了美国革命,后来撰写了《人的权利》(*The Rights of Man*),在书中他讨论了平等、自由的启蒙理想,并表达了对法国大革命的支持。

1789 年法国大革命爆发的直接原因并非启蒙思想，当然，当时的暴动和内乱也很难与理性的探索和规划共存。在这场革命最初的几年里，政治变革的确优先于自然哲学。不过，启蒙运动的抽象理想仍然导致了新共和制度下法国社会的变革与重组，虽然持续的时间很短。这场革命带来了新的历法——共和历（时间单位为十进制，如每个星期有 10 天）；长度与重量的度量也被重新定义，从中世纪的单位体系转换为新的公制系统。新的标准长度参照了更"理性的"地球周长，而非一直沿用的人类尺度参照系，于是乎更客观的"米"替代了原来的"英尺"和"英寸"。这些变化体现了这一时期社会思想的转变——更青睐理性而非传统，更注重客观性而非主观性。

相较于欧洲其他地区，苏格兰的启蒙运动更重视务实的解决方案，并强调理性方法的重要性以及对权威的反对。例如，苏格兰哲学家大卫·休谟（David Hume）希望创建一门"人类科学"（science of man），将科学研究应用于先前的人类文化。他对基于经验、证据和因果等因素的可靠知识的定义，于发展新的、具有哲学基础的科学方法而言至关重要。亚当·斯密（Adam Smith）在《国富论》（*Wealth of Nations*）中提出的经济学理论很快就被英国政府采用。在这些极具影响力的思想家的推动下，19 世纪的苏格兰科学在世界上的地位如日中天。

一些史学家认为，随着 19 世纪初拿破仑时期的到来，启蒙运动匆匆进入尾声，似乎法国大革命的乐观而激进的理想就这样被一个务实的独裁者葬送。不过，启蒙运动的思想还是渗透到了不断发展的科学实践之中，并在 19 世纪得到进一步发展。

达尔文革命

科学革命、工业革命和社会革命所带来的变革浪潮相对更容易追溯。这些革命跨越了几十年的时间，涉及众多历史人物，他们的成就影响了人类文化的方方面面。随着查尔斯·达尔文的著作《物种起源》（*The Origin of Species*）在 1859 年出版，一场更有针对性的科学革命应运而生。这场革命对人类文化的影响甚至在今时今日仍未褪去。相较于前文提及的其他革命时期，达尔文革命所引起的震颤更剧烈，它的能量扩散到了人类"起源"之外，影响了更广泛的社会变革。

最初达尔文打算子承父业，投身医学事业。在爱丁堡大学学医的过程中，他却对自然史产生了浓厚的兴趣。为了谋求更稳定的长远发展，他的父亲把他送到剑桥大学学习神学。1831 年完成学业后，达尔文以无薪博物学家、"绅士旅伴"的身份登上了"贝格尔号"军舰（HMS Beagle），加入了那次为绘制南美洲的海岸线而展开的航行。在接下来的 5 年时间里，达尔文收集了大量动植物标本和化石，并详细记录了南美洲大陆和周围地区的地质情况。

那时，达尔文的一大目标是找到证据来评判当时的两种地质变化理论——灾变论（Catastrophism）和均变论（Uniformitarianism）。乔治·居维叶（Georges Cuvier，1769—1832）的灾变论认为，在物种灭绝和山地形成等大规模变迁活动中，短暂而剧烈的事件起着主导作用。这种依赖于特殊而罕见的灾难的解释与《圣经》故事如出一辙。查尔斯·莱尔（Charles Lyell，1797—1875）的均变论则更倾向于地质证据。根据这种渐进变化的观点，贯穿整个地球历史的地质构造变化过程一直在缓慢地进行着。这种微小、渐进的变化也意味着，地球的实际年龄比当时《圣经》年表解释中所提到的要大很多。

在 1836 年返回英格兰之前，记录了达尔文调查结果的信件就已经让他名声大噪。他收集的大量植物、地质、鸟类和化石藏品，成为同时代的学者争相研究的对象。1839 年出版的《贝格尔号航行日记》（*The Voyage of the Beagle*）更是让他声名鹊起。得益于父亲的投资，达尔文成了一位绅士科学家。

达尔文有着敏锐的观察力和清晰的头脑。在那次航行期间，他注意到了加拉帕戈斯群岛（Galapagos Islands）不同岛屿上的鸟类和陆龟的差异，进而思考起了物种的稳定性。自 1837 年起，他就在私人笔记中记录了自己关于物种演变的思考，并通过植物实验和畜牧业研究工作来支持这些观点。在接下来的 20 年间，他完善了自己关于物种进化的理论，并与少数学者讨论了这些观点。在 19

世纪 50 年代末期，达尔文得知博物学家阿尔弗雷德·拉塞尔·华莱士（Alfred Russel Wallace，1823—1913）也在进行类似的研究，但他还是一丝不苟地完成了自己的著作《物种起源》。在该书中，他列出了"共同起源"（Common descent）的证据，即所有物种是由一个共同祖先进化而来，而非学术界普遍认为的不同物种有不同的进化过程。达尔文认为，物种演变的驱动力是自然选择（natural selection），在这个过程中，最适合生存的个体会将其成功特征遗传给后代。就这样，大自然通过资源竞争剔除物种中一定比例的个体，逐步改变种群的遗传特性。

批判有争议的科学主张

当时人们对达尔文的思想的态度，说明了科学主张会遭受很多不同形式的批评。实际上，这些辩论和争论也吸引了越来越多的科学史学家。达尔文的理论点燃了公众和学者的浓厚兴趣。在《物种起源》问世之前的 10 年里，匿名出版的畅销读本《自然创造史的遗迹》（Vestiges of the Natural History of Creation，1844 年）便已提起了人们的兴味。这本小册子的作者是记者罗伯特·钱伯斯（Robert Chambers），他曾提出，自然界中的所有事物——从太阳系、岩石到生物，都是从更原始的形式演变而来。这种论断虽然只是形似达尔文严格论证过的观点，而且也没有提及具体的演变机制，但还是推动了社会上对"物种逐渐演化"这一概念的广泛讨论。

实际上，在钱伯斯之前就已经有学者提出过类似的物种演化过程，所以这个观点并不新奇。查尔斯·达尔文的祖父伊拉斯谟斯·达尔文（Erasmus Darwin，1731—1802）就曾提出，所有的生命都来自一个共同的祖先。他在《动物法则》（*Zoönomia*）一书中指出，物种能通过"刺激、感觉、意志和联想"获得新的身体部分和习性，因此可以"通过自身固有的活动"实现自我改善。他推测，在影响生命本质的诸多因素中，竞争和性选择可能是最重要的两个。他的孙子查尔斯·达尔文通过更具体的机制和证据证实了这些概念。

在 19 世纪初期，让 – 巴蒂斯特·拉马克（Jean-Baptiste Lamarck，1744—1829）曾提出，物种的变化可以分为两大类：**一是通过自然习性去调整自身秩序和复杂性（用进废退），二是其所处的环境带来的变化。**他认为，那些被频繁使用的身体特征会遗传给后代（即获得性遗传）。这些后天获得的特征将帮助物种适应其所处的环境。

尽管有诸如此类的早期思想的铺垫，达尔文主义还是遭到了批评者的猛烈抨击。达尔文自己也意识到，在他那个时代，并没有令人信服的解释能够说明遗传特征是如何完整地代代相传的。人们认为，后代会以均等概率获得父母的特征，因此，生物学特征会逐代减弱。直到 19 世纪末 20 世纪初，人们才重新发现了格雷戈尔·孟德尔（Gregor Mendel，1822—1884）的研究成果，为遗传学定律提供了有力的证据。

这个时期的很多批评者都把火力对准了哲学唯物主义，它被视为达尔文理论的组成部分。唯物主义认为，从物质层面即可充分理解自然世界，而不需要任何非物质或超自然的因素。在当时的人看来，达尔文主义用无指导的自然过程取代了上帝的位置。早在 17 世纪，用重力概念对太阳系做出数学解释的机械哲学也曾遭到类似的抨击。达尔文主义把这种思想带到了一个新阶段，这种自然"法则"不仅威胁到了《圣经》的解释，也间接影响了有关造物者创造人类那段教义。

哲学唯物主义 Philosophical materialism	完全根据物质、物理特性以及规律来解释自然和存在的研究。

达尔文本人早已预见到了这些批评，于是他开始大量搜集证据并展开深入研究，希望能以此支持自己的论点。然而，由于长期以来他的健康状况欠佳，迎击批判的重任也就落在了支持他观点的人身上。在达尔文的拥趸中，最具影响力的当属维多利亚时期的生物学家托马斯·赫胥黎（Thomas Huxley，1825—1895），人称"达尔文的斗牛犬"（Darwin's Bulldog）。1860 年，赫胥黎和牛津主教塞缪尔·威尔伯福斯（Samuel Wilberforce）展开了一场影响深远的公开辩论。作为一位技艺纯熟的解剖学家，赫胥黎还驳斥了原有的一些论断。例如，早年人们曾认为，人类大脑的某些方面在本质上与其他物种不同，赫胥黎向世人证明了，海马体不仅存在于人类的大脑中，也存在于大猩猩等其他灵长类动物的大脑中。

大猩猩让维多利亚时代的人为之着迷。19 世纪 50 年代，第一篇关于活体大猩猩的西方研究文章发表。10 年后，大猩猩标本首次在欧洲和北美展出。这些灵长类动物被关在笼子里，有的甚至穿上了儿童服装，它们看起来与人类是那么相像，这着实令人惊愕又不安。因此，公众把达尔文主义和这种动物杂耍混为一谈也就不足为奇了。

正如《笨拙》（Punch）杂志中的一幅漫画所暗示的那样（如图 3-1），达尔文主义威胁着已确立的社会传统，这一点在英国尤甚。这幅漫画似乎意味着，如果物种是进化而来的，那么所有人类都要和类人猿称兄道弟。而这样一来，那些根据阶级或种族划分出

图 3-1　漫画《这个季节的狮子》

注：这幅漫画刊载于《笨拙》杂志（1861 年 5 月 25 日）。

的舒适且固定的社会阶层（至少对富裕的特权阶层来说）又有什么意义呢？

很多时候，达尔文主义会被视为一种意识形态冲突，它将社会分裂为对立的阵营。然而，现实要复杂得多。公众对达尔文主义的态度，类似于美国总统比尔·克林顿（Bill Clinton）在任期内曝出丑闻后的社会反应。这则丑闻激起了一些人的道德义愤，有些人则把它当成茶余饭后的笑谈，而另一些人则漠不关心。从威廉·吉尔伯特（William Gilbert）和亚瑟·沙利文（Arthur Sullivan）创作于1884 年的喜歌剧《艾达公主》（*Princess Ida*）中，我们就能够窥见当时人们对达尔文的态度。虽然这部歌剧主要关注的是女性接受高等教育的荒谬之处——这一观点在当时兼具了宗教、政治和思想色彩，但它并没有忘记顺带着调侃一下达尔文的新理论。在剧中的人物看来，猿猴和人类一样，虽然渴望进步，却心有余而力不足。

一位出身高贵的女子，

在过去的日子里，走进了一只猿猴的心。

那少女像太阳般光彩照人，

那猿猴却是这般丑陋——

所以这爱情注定不会有结果——

他的爱无疾而终，

对那少女来说，这本该正常的爱情，

看起来如此可怖，

他犯下了可怕的错误，

他结结巴巴地道歉，他找到了借口，

都是受猿猴形象的拖累。

……

他买了条白领带，又买了套礼服，

他把脚塞进锃亮的紧身靴里——

他开始了一个全新的计划，

他自称达尔文人！

但是这不会成功啊，

他的计划还是失败了，

少女，那只猴子爱慕的少女，

是那样光彩照人，

她不禁开始深思，

这达尔文人虽然看起来有些教养，

但也只是一只剃光了毛的猴子！

　　不过，达尔文主义也经历过选择性的诠释，以适应一些更严肃的社会信念。达尔文的表弟弗朗西斯·高尔顿（Francis Galton）在1883 年提出了优生学（Eugenics）。根据高尔顿的解释，达尔文主义暗示了在没有激烈竞争的情况下，物种优势在遗传过程中会被削弱或稀释。高尔顿提出了一个解决方案，即确保那些被认为最合适的个体进行选择性繁殖。对于那些掌控着权力的重要职位，"最合适"的个体通常是富裕且健康的人，或者那些先辈曾经身居要职的人。在他看来，倘若没有先天优势，这些人又是如何获得自己拥有的社会地位的呢？与之形成对比的是在当时被划定为不适于传宗接代的人，其中包括罪犯、穷人和残疾人。虽然优生学从未得到达尔文本人的支持，但还是成功地吸引了一批知识分子和政治家成为其拥趸。到了 19 世纪末 20 世纪初，这一概念越来越多地出现在各地的法律和选择实践中。**优生学包括两种形式：一种是"积极"的形式，即鼓励那些被归类为具有遗传优势的个体繁殖；另一种是"消极"的形式，即阻止那些被认为带有遗传缺陷的个体或群体繁殖。**优生学为一些政策的实施提供了"科学"依据，这些政策包括种族隔离、限制某些国家的移民、精神病院对患者实行强制绝育手术等。与此类似的是，生育控制和遗传筛选的早期支持者将这一理论视为有力的论据。

社会达尔文主义（Social Darwinism）通过类似的方法，将达尔文的生物选择概念扩展到了社会领域。该理论认为，**竞争带来的进化不仅体现在个人层面，群体或整个社会的竞争也会推动社会进化。**"社会本能"和"道德情感"的演化可能会倾向于选择某些国家，达尔文本人也思考过这一点。这一观点反映了维多利亚时代的思想和启蒙运动的影响。有人认为，社会通过层层改进取得了进步。一些人声称，19 世纪晚期的大英帝国不仅体现了社会组织的最佳状态（习俗、法律和文化共同进步），还代表了生物学选择的优良结果。因此，基于传统、制度和生物学的优越性，英国人可以被认为是帝国的合理继承者。自 20 世纪 40 年代中期以来，更直接、更极端的纳粹种族主义被归因于优生学和社会达尔文主义。正如我们将在第6章讨论的那样，在20世纪，历史学家和其他学者不断对"优越"的定义规范以及客观性提出质疑，而这些原是优生学和社会达尔文主义的基础。

在第一次世界大战后，达尔文主义也对美国政治产生了影响。美国南部州和一些农业州通过了禁止在学校教授进化论的法案。这些法律的制定依据来自对《圣经》的字面解释，包括根据《圣经》推算的地球年龄（根据《圣经》年表计算，地球仅有数千年历史），以及"按照上帝的形象"创造人类等。这些禁令中最著名的案例，当属1925年田纳西州对教师约翰·斯科普斯（John Scopes）的审判。斯科普斯因为教授进化论而被指控触犯了法律，但美国媒体和国际上对这次审判的报道却一边倒地调侃起了检察机关，并极力支持达尔文主义。

正如我们将在第4章中讨论的那样，时至今日，达尔文主义仍会引发公众辩论，尤其是引来美国一些基督徒的反对。在《物种起源》出版后的几十年里，这场辩论从科学领域转移到了宗教领域，自那时起，达尔文主义就始终未能脱离抨击与批判的"火海"。至于"达尔文革命"的意义，则见仁见智。随着进化生物学融入实验实践并推动理论的持续发展，实践科学和哲学的发展速度逐渐放缓，但是进化论对社会和宗教产生的影响仍会时不时地表现出来。对于那些非科学专家的批评者来说，这场革命仍在进行，并且不断遭到质疑。

究竟什么才是真正的科学革命

行文至此，我们有必要转换视角，进一步探讨"革命"的概念，以作为本章的结束。如果你希望继续按照原本的时间顺序展开对科学史的探索，那么，请跳至下一章，然后在读完第 6 章后返回本节。

倘若如今仍然有人质疑世界向达尔文主义的转变，那么这意味着，确定这些变革的特征与社会群体的判断和智力的说服力紧密相关。在从革命的视角对历史上的科学事件进行分析时，美国物理学家、历史学家托马斯·库恩（我们会在第 7 章中进一步讨论）绕开了这些维度。他将注意力集中在了科学观点上（这不同于一直抨击达尔文进化论的非科学家），探索了以前在讨论思想更迭时人们未曾重视的因素。

库恩对科学革命进行了分析，并将其解释为一种范式转移过程。根据他并不精确的定义，"范式"是一种包含了科学概念、方法、事实和假设的解释模型。库恩认为，相较于循序渐进、潜移默化的思想转变，科学信仰剧烈的范式转换可能会带来意想不到的偶然效果。例如，在从一种知识框架转向另一种知识框架的过程中，与现有理论不符的矛盾事实可能会不断涌现。当这些有悖常理的案例不断积累，并发展到无法与正统的世界观相协调的时候，一种新的框架就将形成并取而代之，进而推动新观念发展成为社会共识。如果新的世界观十分激进，那么一段时间后，旧的世界观可能就会变得让人难以理解，这个过程被库恩称为不可通约性（incommensurability）。

　　这种看似很有道理的解释还存在一些不够明晰的地方。库恩意识到，判断一场革命是否正在进行的重要因素是那些不符合理论的事实，可这些事实究竟是异常的观察结果，还是现有模型失效的关键证据呢？对历史人物来说，这是一个艰难的判断。对"错误数据"或"优雅理论"的评判背后隐藏着哪些影响因素？在构成科学判断的社会行为中，我们会找到一些很模糊的维度。由于证据获取方式和获取人员的不同，那些"别扭的"事实的可靠性和相关性可能存在争议。得到这些证据的研究人员是否是该学科的专家，是否有能力胜任这一工作？支持传统概念的人群有着什么样的利益从属关系，新范式团结起来的又是怎样的群体？抛开诸多疑问，显而易见的是，科学信念的变化绝不单单依赖于令人信服的证据，历史研究者还需要关注这些转变背后的文化因素。

　　库恩的"范式"理论的经典案例，当属德国气象学家魏格纳的故事，这个故事也说明了历史解释之艰难。在20世纪初，魏格纳提出了"大陆漂移"（Continental drift）的概念。他认为，陆地在不断漂移，并引用不同来源的大量证据对此加以佐证。魏格纳对南美洲和非洲几乎可以互补的海岸线感到震惊，并指出其他陆地也可以重新拼接、组合成"泛大陆"（pangaea）。他还发现，即便如今相隔重洋，但这些区域的地质和化石记录仍然具有不同寻常的相似性。魏格纳确定了这些"矛盾事实",并将它们集中起来,对正统的地质学发起挑战。在传统解释中,海岸线的互补形状纯属巧合,而化石的相似性则可以用"大陆桥"(land bridge)来解释。在同时期的一些地质学家看来,传统的解释似乎更为合理。魏格纳将大陆漂移归因于地球旋转产生的离心力,以及来自太阳和月球的潮汐力,这虽然获得了生命科学家的支持,却遭到了其他地质学家和物理学家的嘲讽。此后,魏格纳的理论在很长一段时间里都被学术界忽视了。

在第二次世界大战之后,海底扩张及地震带的地质测量结果与魏格纳的证据和理论结合起来,重新唤起了人们对大陆运动的兴趣。板块构造理论为地质学家解释大陆运动提供了帮助。大陆并非像魏格纳所说的那样艰难地犁过地壳,而是漂浮在岩浆上。推动大陆板块移动的也不是什么天外力量,而是这些糖浆般的流动液体。这些板块缓慢地碰撞,引起地震,形成山脉。仅仅一代人的时间,科学共识就几次三番地出现戏剧性的转变。

那么,这是库恩所认为的革命吗?或许是吧,虽然在每个人心中,它的变革程度可能都略有不同。在现今的很多地质学家看来,魏格纳算得上是新范式的创始人,即便在科学层面上,他发现的"矛盾事实"、提出的大陆漂移概念与板块构造理论存在很大的出入。魏格纳的理论之所以未被当时的人接受,主要是因为思想和社会两方面的因素。在同时代的学者看来,魏格纳提供的证据经过了精心挑选，而且缺乏一锤定音的力量，因此并不足以让知识的天平偏向这一激进的新模式。用现代物理学和地质学知识来审视，魏格纳的理论解释更是大错特错。而且，作为一个跨界到地质学领域的气象学家，他多少显得有些冒失，又缺乏足够的专业知识。相比之下，第二次世界大战后出现的板块构造说，其特征更接近我们在本章中提及的其他变革。依靠着精密的科学仪器及实验操作，板块构造说获得了能够推动新理论解释的数据。因此，魏格纳的名字在名望与失望之间徘徊，究竟该落到哪一边，还要取决于我们对"范式"的定义。这样看来，历史解释着实是一份棘手的工作！

HISTORY OF SCIENCE

4

科学的初衷，传播诱人的想法

科学是什么时候走入大众视野的？
学术界为什么对数学表达式日渐热情？
科学医学是如何创立的？

本章将着重讨论五大主题，它们均兴起于 19 世纪，但可以追溯到更早的时期。这五大主题分别是：科学对普通群众的吸引力的逐步提升；宗教与科学之间的关系的转变；学术界对数学表达式日渐增长的信心和热情；科学医学的创立；政府计划科学的崛起。假若你对这个粗略的时间排序和主题安排感到困扰，还烦请保持耐心。我们将在本书最后两章中对科学史总结提出质疑和挑战。

科学知识全民普及时代

兼具教育与趣味的科学在 17 世纪走进了富庶阶层的生活，并在 18 世纪变得越发流行。在接下来的两个世纪里，这种对科学思想的开放接纳态度在普通民众中逐渐盛行。人们选择亲身参与科学研究的原因有很多，有些人是为了获得知识与思想，有的人看中了其中潜藏的经济利益，还有的人将它视作打发时间的娱乐和个人兴趣。

18 世纪末，面向大众的科学现象公演逐渐流行开来。最早在科学社团成员中间流行起来的"哲学机械"，就是一种很受欢迎的用以展示"科学征服自然"的方法，它成功地吸引、启发并教育了一部分观众。其中一个很出彩的项目叫作"电流之吻"（Electrical Kiss），它常常被当作供少数观众消遣的小把戏。操作员会请两位观众上台，让其中的那位女士站上绝缘台，然后摇动发动机，再要求两人嘴唇相接。这一吻所产生的静电冲击无比奇妙，它既让人尴尬，又令人心生敬畏。这种对科学力量的演示着实令人难忘！在那段时期，一些其他类型的表演也吸引了一群对科学满怀好奇的观众，相比"电流之吻"，这些展示通常会面向更广大的观众群体。其中比较出名的案例包括"笑气"（laughing gas）和"动物磁流学说"（Animal magnetism），前者最早由英国科学家约瑟夫·普里斯特利于 1772 年演示，后者由德国心理学家弗朗茨·梅斯梅尔（Franz Mesmer，1734—1815）在 18 世纪 70 年代推广开来。

在所有学科中，专注于动植物分类的博物学可以算得上是非常接地气的一个了。16 世纪时，这些藏品在医学界大热，那一时期博物学名录的编撰者也逐渐应用起了逻辑划分的原则。卡尔·林奈（Carl Linnaeus）是瑞典博物学家，在出版于 1735 年的著作《自然系统》（Systema Naturae）中，他设计了一套分类和命名系统，这激励了很多人沿着这条路线去寻找新的物种样本，并把它们归入相应的类别。就这样，博物学收藏成为启蒙运动的一部分，其目的是为自然世界创造适当的分类系统。那些腰缠万贯的收藏家既可以以此为乐，又能为学术研究贡献力量。植物标本收集吸引了来自各行各业的发烧友——从年轻女士到神职人员，并成为很多人闲暇时的消遣，甚至发展成了一些人的职业。其他较为流行的收藏品还包括昆虫、矿物、化石、贝壳和动物标本等，还有些人甚至会收集硬币以及民族文物藏品（如头饰、切割工具等）。人们一一对这些东西进行编码、说明、相互比较、区分和归类，希望通过这些尝试和努力系统地梳理自然，甚至是人类社会本身。

那些富有的收藏家收集了各式各样的化石、小工具、考古文物、动物标本和"自然界的怪胎"，打造出了属于自己的"猎奇展柜"。这些收藏家的初衷只是为了让来访者感受自然的神奇力量和神秘感，当然也借此低调地炫耀一下自己的财富和风雅。这些日积月累下来的物件，奠定了19世纪博物馆藏品的基础。1836年，诺森伯兰博物学学会（Natural History Society of Northumberland）指出，这些面向公众的展览通常是一种理性教育的形式，其目的是"在工人阶级中"传播"对自然科学的热爱"。更便于携带、易于传播的展示形式当属与博物学相关的出版物。那些精细的版画（通常是手工着色版画）可以装订成书并出版，或是用画框装裱起来以作展示。自从有了这些印刷品，人们就可以随时随地零距离地欣赏自然的精妙。

大约也是在这一时期，另一种更有组织的科普形式出现在了人们的视野之中。那段时间诞生了第一批文学哲学社团（Lit &

Phil society），这些团体基本都是研讨学术话题的辩论俱乐部，辩论内容通常会规避较为敏感的宗教和政治话题。这些组织自然而然地发展成了博物学藏品的储存库和展示厅。从 18 世纪 80 年代到 19 世纪 30 年代，类似这样的文学哲学社团如雨后春笋般出现在英国各个城镇，以北方小镇尤甚。这一趋势反映出工厂主对科学与日俱增的兴趣，同时也意味着科学活动的重心开始从大城市转移到小城镇。正如我们在第 3 章中讨论过的那样，这些新成立的组织把制造商、医生、企业家和知识分子聚集在了一起。在几个不同的时期，曼彻斯特的文学哲学社团曾一度吸引了不少科学名流，包括我们熟知的化学家约翰·道尔顿（John Dalton）、物理学家詹姆斯·焦耳以及工程标准化的推动者约瑟夫·惠特沃斯（Joseph Whitworth）。

专业群体向富裕的工程师和有科研意识的民众打开了科学之门，与此同时，一些技工讲习所（mechanics' institutes）也开始向工人（通常是女性）普及科学教育，组织科学讨论。这些讲习所的支持者通常也是文学哲学社团的常客。科普组织的早期资助者大多都是慈善家和工业家。在这些人看来，科学社团的存在意味着员工会更积极地参加更有益的晚间活动，这样一来，也就能更容易地培训出更熟练（甚至更有斗志和可塑性）的劳动力。虽然早在 18 世纪末 19 世纪初，苏格兰城市格拉斯哥就曾举办一些免费的关于艺术和科学的讲座，但直到 1821 年，这里才出现了第一个专门组织科技讨论的技工讲习所。在之后的 10 年间，这一概念迅速传播开来。在大约半个世纪的时间里，世界各地大大小小的城镇中出现了 700 余家类似的讲习所。它们不仅出现在伦敦、墨尔本、纽约和蒙特利尔这样的大城市，也走进了温斯伯里（Wednesbury）、赫登（Hedon）和邓弗里斯（Dumfries）这样的小镇。讲习所的课程设计大多是为了提供专业（但可能较为简明）的科学知识，而不仅仅是技术、技能教学。在这些讲习所里，科学事实和规律等知识被视为成人学生职业技能的基础。

期刊杂志也会定期将科学知识传播给越来越广泛的受众。在 19 世纪之前，科学期刊的编撰者和读者一直是那些隶属于各种社团的科研人员。不过，大多数流行出版物依旧是涵盖了广泛主题的"通识"杂志。这些杂志刊载了各式各样的新奇想法，其中不仅包括一些描述性内容，如 1823 年《卫斯理卫理公会杂志》（ *The Wesleyan Methodist Magazine* ）刊载的《对萤火虫的观察》（ *Observations of the Glow Worm* ），也包括科学教育题材，如 1853 年《英国妇女家庭杂志》（ *The Englishwoman's Domestic Magazine* ）发表的《植物学课程》（ *Lessons in Botany* ），以及一些当下热门的科学话题，如 1817 年刊载于《爱丁堡杂志》（ *Edinburgh Magazine* ）的《颅骨之辩》（ *The Craniological Controversy* ）。在 19 世纪后期，科普杂志逐渐流行起来。1845 年，采用单页通讯简报形式的《科学美国人》（ *Scientific American* ）创刊；1872 年，《大众科学》（ *Popular Science* ）面世。这些期刊不断为美国读者报道着最新的发明及革新消息。它们大多是由本土机械工程俱乐部的简短刊物演变而来，刊载的内容反映了当时人们对快速发展的铁路、电报，以及在 19 世纪末期逐渐兴起的电气照明和电话行业的关注与兴趣。这些期刊的目标读者是受过基础教育的普通大众，因此文章也写得通俗易懂。它们的出现促进了科学知识的普及，并把民众引向了全新的现代世界。

与此同时，出版技术的飞速发展也推动了科学知识的快速传播。19 世纪初期，蒸汽印刷机和机械排版设备先后面世，这些技术提高了出版行业的生产率，降低了印刷成本，从而让报纸和期刊第一次以低廉的价格走进普通大众的生活。更重要的是，随着木刻、钢板雕刻和平版印刷术逐渐取代了传统铜雕印刷方法，书籍和期刊中开始出现越来越多的插图。总体来说，这个年代的科普文章在介绍科研成果及发现的同时，又融入了猎奇的新鲜感，慢慢向读者灌输了维多利亚时期不断增强的国民信心。

科学与宗教：割裂还是连体？

在前面的章节中，我们曾"暗示"了科学思想中的宗教元素。在接下来的 3 个小节中，我们会直面这一主题。科学史学家、神学家及其他一些学者都探究过科学和宗教之间的相互作用，并暗示科学方法与其他形式的知识（尤其是宗教）之间存在着一种对抗关系。然而，最新的研究表明，这些关系其实是复杂多变的。重新评估和审视历史记载之后，我们可以看到这两者之间也曾拥有和谐共存的过往，其中不乏促进和谐的倡议，甚至包括由宗教出面鼓励科学活动的桥段。

就像历史文献所记载的那样，早期的基督徒汲取了希腊科学的营养，创造出了一种与《圣经》解释相一致的世界观。伊斯兰学者虽然在选择科学研究方法时更倾向于实践和实验，但在实践过程中，他们也没有找到有悖经文的案例。不过，历史上当然会有例外和冲突，其中就包括埃及的伊斯兰学者穆罕默德·安萨里（Mohammed al-Ghazâlî, 1058—1111）的著作。在《哲学家的矛盾》（*The Incoherence of the Philosophers*）一书中，安萨里抨击了那些参考亚里士多德和柏拉图理论的伊斯兰哲学家，在他看来，这些人的研究背离了伊斯兰教的信仰。即便保守如安萨里，批评的也只是希腊的一些形而上学，而非天文、物理或逻辑学。当时，一些哲学家拒绝承认必然因果联系（实际上，这种否认神迹干预的论调也为基督教神学家所不齿），并试图寻找上帝是宇宙创造者的证据，对此，安萨里表示强烈反对。一些学者认为，这种坚信上帝会直接干预世间万物的主张会阻碍后续对自然规律的探索。而抛开这些不和谐，我们会看到，在那之后的两个世纪里，医学（尤其是解剖学）和天文学在伊斯兰世界蓬勃发展。

对西方另一主要宗教犹太教来说，科学与宗教之间的公开冲突也实属罕见。即便是达尔文时代的犹太学者也认为智者拉比鼓励思想自由，这种自由既包括科学，也包含宗教。在对经书《托拉》（*Torah*）的内容的解释中，并没有哪一种被单独标记为唯一的权威。正是基于这种自由，那些讨论物质世界构成的对话和推理才得以展开。

寻找人类的正确位置

虽然在当时科学发展最为迅猛的欧洲不乏伊斯兰教和犹太教的追随者，但无可置疑的是，基督教在欧洲仍然拥有最强大的影响力，主导着政府、法律和宗教。学术界通常用三大历史事件来说明基督教和科学之间的关系，它们均发生在科学革命期间或之后。**第一个历史事件是关于宇宙理论的争议，尤其是关于宇宙究竟是以地球为中心（"地心说"）还是以太阳为中心（"日心说"）的讨论。第二个历史事件是"机械哲学"的兴起，即可以通过普适的规律来解释自然现象。第三个历史事件是达尔文主义。这三大历史事件都发生在** 20 世纪之前，虽然没有涵盖科学和宗教之间的所有关系，却介绍并阐释了一些时至今日仍然被人们反复提及和讨论的观点。

在《关于托勒密和哥白尼两大世界体系的对话》一书中，伽利略表达了对哥白尼思想的支持，他因此遭到了天主教会的制裁。后来，伽利略的著作惨遭封禁，他本人也被教会勒令公开撤回自己的失当言论。不过，科学与宗教的关系在这个阶段并没有通常描述的那样清晰明确。而且值得注意的是，对这些理论的批评之声也并非始于当时，早在 1539 年，马丁·路德（Martin Luther，1483—1546）就曾讥讽哥白尼有关地球不断移动的理论。在出版于 1566 年的《桌边谈话录》（*Table Talks*）中，路德的观点就反映出了当时科学和宗教的共识：

> 一位突然发迹的占星师努力想要证明在转动的是地球，而不是天空，也不是日月星辰。这就好比一个坐在移动的马车或船只上的人，天真地以为自己是静止的，而土地在"走"、树木在"动"……这个痴人想把整个天文学都翻个底儿掉。然而，《圣经》中早有记录，约书亚（Joshua）叫停的是太阳，而不是地球啊。

很多主张新教改革的领导者也对哥白尼的言论不屑一顾。

比路德晚了近一个世纪的伽利略实际上是一步步走向审判的。1610 年，在《星际信使》出版后，也即《关于托勒密和哥白尼两大世界体系的对话》一书出版前 20 年，他第一次遭到调查。伽利略固执又直率，因而招致了包括佛罗伦萨大主教在内的多名批评家的反对炮火。他利用望远镜做出的观测和解释挑战了人们对《圣经》的理解。《圣经》似乎暗示着太阳在移动，而地球则是纹丝不动的。哥白尼提出的日心说却全盘否定了这些《圣经》解释。

更显"反动"的是，地球围绕着太阳转动意味着人类不再是宇宙的中心，这也暗示着人类并不是上帝创造的万物的中心。这种观点挑战了早在希腊时代人们就建立起来的根深蒂固的观念。"存在巨链"（The Great Chain of Being）展示了人们常识中的自然秩序，即人类拥有对低级别物种的统治权，顺着链条向下，你会看到一些简单的动植物，最后是没有生命的岩石。基督教徒只对这个排序做了些许微小的调整。他们把上帝安置在链条的顶端，紧随其后的是天使，在这个等级制度中，他们的地位都要高于人类。地心说几乎完美地映射了这个层次结构：上帝和天堂的地位高于天体，地球则处于万物的中心。人本位（以人为中心）的宇宙设计似乎印证了亚里士多德和托勒密提出的宇宙论，也佐证了《圣经》对上帝创造万物的记述中给予人类的特殊地位和存在目的。相较之下，日心说则把人类的地位降了几级，人就这样沦为了上帝创造中的次要产物。

"地心说"与"日心说"的对抗也引发了其他神学维度的矛盾。机械哲学的发展是基于参与者对这一理论的信仰，而这种科学信仰本身又可以不断扩展。它的拥趸声称，自然的特征是有规律的，是能够被人发现的。神迹如果真的存在，那么势必也相当罕见。否则，在你还未发现自然的规律之前，它可能就已经因上帝的某一次心血来潮被改变了。一个由神迹主宰的自然世界会鼓励人们被动地接受事物的本质，而不是积极地探索世界。实际上，伽利略的一位批评者就曾引用《圣经》箴言，即："加利利人哪，你们为什么站着望天呢？"（出自《圣经》使徒行传第 1 章 11 节），来指责太过仔细地审视上帝的杰作既徒劳无功，又是对神的不敬。机械哲学的支持者相信，人类可以发现并解释自然规律。伽利略成功地用数学表达式描述了加速度，这也增强了这群人的信心。不过，站在最高点上的还要属牛顿的万有引力理论。牛顿所描述的引力不仅仅是对自然现象的数学描述或规则解释，更重要的是，它传达出了天与地之间的关系。牛顿定律应用了伽利略总结的关于地球上的物体的运动规律，并有针对性地将其用在了对月球和行星的运动的解释之上。

牛顿并不算是挑战传统哲学和宗教观念的第一人，不过他的数学方法给人们的讨论提供了一些崭新的视角。大概在一代人之前，法国哲学家勒内·笛卡儿（René Descartes，1596—1650）凭借自己的新理论，为机械哲学吸引了一批热情的支持者。更为重要的是，他能为那些诱人的原则和概念给出定义，就像亚里士多德对之前那几代人所做的那样。他们似乎能给每种现象都找到一个令人满意的解释。这些解释成功地填平了亚里士多德主义的批评者找到的漏洞。哥白尼曾用非常优雅的数学方法解释了天体运动，却没能厘清地球上的物体的运动规律；伽利略将数学解释扩展到了一些有关我们身边的事物的重要实验中，却未能更进一步地概括说明。笛卡儿不仅传承了同样的精神，还对过去几代人的发现做出了全面的概括和总结。这些成就让那些与他身处同一时代的人感受到了一种思维解放的愉悦。

然而，就像亚里士多德对自然做出的解释遭到非议一样，笛卡儿的很多观点也被指摘在数学上不够严谨。牛顿应该也曾尝试去定义自己的成果与前人的理论之间的联系：笛卡儿将自己最主要的著作命名为"哲学原理"（*Principles of Philosophy*，1644 年），而牛顿在起名的时候则着重强调了研究中的数学基础，遂将作品命名为"自然哲学的数学原理"（*Mathematical Principles of Natural Philosophy*，1687 年）。笛卡儿和牛顿两位科学巨匠都可以被列为"机械论哲学家"，因为二人均将机械概念应用于对自然世界的解释，不过，两人的理论中所潜藏的概念却是截然不同的。笛卡儿做出的一个重要假设是世界上存在一种无法探测的物质，即"实空"（Plenum）。亚里士多德曾指出，"虚空"（Empty space）这个概念本身就不直观，因为物质可以在其中迅速移动并把它填满。相较而言，"实空"是一种充满了无穷无尽的细微物质的空间，这样一来，它的存在就可以解释行星围绕太阳运行的轨道。在笛卡儿看来，太阳会扰动这种物质，并因此产生旋涡，这股力量推动着行星围绕太阳运动，这就好像浴缸中的水被排空的过程中，水中的玩具小船会一直绕着排水口转圈。不过，牛顿却反对这套"实空"理论，他认为行星之间的空间中并不存在物质。（如果其中充斥着细微物质，那）为什么物体会周而复始地运动，而不会减速呢？为了更好地解释太阳系的运动，牛顿将他所认为的不可见的存在定义为引力。

1727 年牛顿辞世的时候，亚里士多德的思想早已走下坡路，笛卡儿和牛顿对宇宙的解释取而代之，成了科学界的新宠，吸引了一众追随者。同年，笛卡儿的同胞、法国文豪伏尔泰写下这样一段文字，我们能够从中瞥见"爱国情结"这一因素在定义真理时的影响：

> 一个法国人来到伦敦，发现哲学和其他事物一样发生了巨变。他离开法国的时候还觉得这世界是充实的，在这里看到的它却已成了虚空。
>
> 在巴黎，你会看到宇宙旋涡下的星辰；在伦敦，人们却看不到这般光景……在笛卡儿们看来，斗转星移是某种无法揣度的推力作用的结果；而在牛顿们看来，这一切都源于吸引力，虽然谁也不知道这种力量究竟源于何处。

牛顿的理论挑战了笛卡儿，他自己却遭到了来自欧洲大陆的如出一辙的对抗——他在《自然哲学的数学原理》一书中提出的数学方法"流数法"（Method of fluxions），碰上了与他同时代的德国数学家戈特弗里德·莱布尼茨设计的另一种表述方式，即"微积分"。因此，机械哲学为科学实践以及理解科学背后的秩序和原理提供了不同的选择。

科学是新的"上帝"

新一代哲学家所提出的概念之间的差异重新定义了上帝所扮演的角色。笛卡儿和牛顿都试图通过机械哲学来阐明并解释上帝。对笛卡儿来说，上帝不仅是创造之力，还是一种完美的存在。神学也是牛顿的重点研究对象，他投入到《圣经》分析上的时间并不比花在物理科学上的少。在他看来，早期那些抄经人的失误导致《圣经》出现部分损毁和错误，因此他搜集了很多版本，并通过相互比较来纠错。（除此之外，他对当时的炼金术也做了类似的细致评估，这是他人生中另外一大长期的个人爱好。）在细心勘核过的经文中，他并没能发现有用的信息。不过，牛顿反对当时英国圣公会的立场，甚至拒绝接受剑桥学者的圣职按立礼。作为反三位一体主义者，牛顿质疑这种对三个独立却又平等的实体（圣父、圣子和圣灵）的信仰，并且反对尊崇基督为上帝。

牛顿意识到自己的工作和宗教观念无不在挑战着传统认知，这让他本人颇感烦恼。对于影响力日益增强的机械宇宙（Clockwork universe）理论[①]，他也持反对态度。牛顿认为，人们观察到的规律和总结出的数学表达式需要（甚至证明了）上帝的存在。实际上，上帝的角色也发生了转变，他不再是对自然世界的任何微小变化都

---

① 机械宇宙理论将宇宙比作发条机械钟表。——译者注

事必躬亲的执行者，我们或许应该将他理解为一个构想者和发明者，他创造出了一个复杂但有迹可循、能够自主运转的系统。然而，牛顿本人却对引力的本质感到不安，进而开始思索上帝对引力的控制程度。在《自然哲学的数学原理》一书中，牛顿指出，宇宙不仅"源自一个有智慧的存在所做出的建议并由其统治"，"这个存在还掌控着所有事物，它不像是这世界的灵魂，而像是这里的主宰"。

牛顿的绝大多数追随者都没有挖掘出他的这些隐秘的宗教观点，也不知道他赋予了上帝各种各样的角色——从宇宙遥远的创造者到无所不知的统治者。18世纪时支持牛顿理论的人经常会被认为是自然神论（Deism）的支持者，本杰明·富兰克林就是其中的代表人物。从自然神论的角度来看，上帝是一个极具创造力的工匠，他并不会参与宇宙后续的运转。而从其最抽象的形式来看，自然神论并不会试图去描述这个不干涉宇宙运转的创造者的特征，或者强调宇宙即上帝（这是泛自然神论［Pandeism］的一种变体）。自然神论还具有一些其他的特点，例如，其支持者批评了"接受式知识"（比如所谓的《圣经》启示）这一说法。人们对机械哲学的信心不断增强，这也让这群人开始相信，生命就像无生命的世界一样，可以用因果关系的规律来描述。如果真是如此，这势必会引发新的宗教和哲学问题，因为这意味着我们可以主动选择、挑拣，而不必遵从自然法则的安排。

在研究那些看起来非常危险的非正统宗教观念时，18 世纪和 19 世纪初的自然哲学家大多会支持更高等存在或创造者的概念。这种概念符合当时的时代背景，并通过自然神学准确地表达了出来。在出版于 1802 年的著作《自然神学》（*Natural Theology*）中，威廉·佩利（William Paley，1743—1805）介绍了"设计论证"的一种普遍形式，这种形式一直流传至今。这里的"论证"并非逻辑意义上的演绎推理论证，而更像是通过类比说服他人，所以它有时也被称为"钟表匠类比"（watchmaker analogy）。佩利这样描写道：

> 如果我们在散步的时候捡到了一块怀表，那么立刻就会知道这个物件绝对不是偶然的创造，因为它充斥着设计师的巧思。同样，自然世界的错综复杂迫使我们去相信这样一位设计师的存在，因为除此之外，我们不知道还能有什么事物可以创造如此复杂的设计。

这种论点在当今世界又重新登上了舞台：智能设计理论（Intelligent design）断言，这种令人费解的复杂性是不可能通过渐进式进化的随机过程而产生的。一些基督教活动家推动了智能设计理论的发展，并希望借此影响教育选择。不过，这一理论并未直接道出这位设计师的属性或身份。

精妙的眼睛和复杂的妊娠过程都是"设计论证"的代表，在

19 世纪早期，这些案例经常会被用来解释自然神学理论的合理性。在那一时期，即便物理学界已经提出了一些可以理解的规律和法则，但生物学仍然笼罩着复杂而神秘的色彩。物理学家希望破解宇宙诞生之谜，生物学家则致力于探究人类的起源。自然神学的出现，将一个被自然哲学家束之高阁的问题重新带回了人们的视线，即自然世界的起源和诞生的目的究竟是什么。

《布里奇沃特论文集》(*The Bridgewater Treatises*) 是自 19 世纪 30 年代开始刊行的畅销系列丛书，它旨在阐述"上帝在创世时所展现出的力量、智慧及仁爱"。先后有 8 位哲学家和科学家为这个系列丛书撰稿，希望在自然界中找到上帝设计的证据。例如，威廉·休厄尔撰写了《参考自然神学的天文学与通用物理学》(*Astronomy and General Physics Considered with Reference to Natural Theology*)，并得出了"上帝的存在显而易见"的结论。这系列论文集的第 9 卷出自查尔斯·巴贝奇 (Charles Babbage)——世界上第一台机械可编程计算机 (差分机) 的发明者。在文中，他试图把上帝描绘成一个对自然世界进行了精心、复杂编码的程序员。

在剑桥大学神学系学习时，查尔斯·达尔文就接触到了佩利的《自然神学》，并对书中的理论深感认同。不过，后来随贝格尔号开展的那段旅行让他看到了不同物种的变异和分布，这并不是创造者精心设计的好例证。本书第 3 章详细介绍过的达尔文主义向"钟表匠类比"提出了挑战 (后来美国法院否决"智能设计"，再次证明了达尔文主义的成功①）。进化论的出现给原本高卧舒适区的自然神学带来了极大的挑战。达尔文主义的科学论证伴随着一个神学上的副作用，这与当年"日心说"给传统天文学造成的冲击很相似。哥白尼证明了物质世界的中心并不是人类。达尔文的理论则论证了人类并不是被单独创造出来的，人类只不过是大自然中的一个物种，和其他生物一样会受到环境压力和突变的影响。随着达尔文思想的发展，人类中心主义及其背后的宗教受到了更严重的冲击。

从关于这些概念的争论中，我们不难瞥见神学和理性主义之间的紧张关系。自然神论和自然神学是神学为了顺应科学而调适、俯就的结果。还有一个与此类似的案例，即法国哲学家奥古斯特·孔德提出的旨在取代传统宗教的"人道教"（Religion of Humanity）。根据孔德给出的分类，宗教知识折射出的是人类发展早期一个并不完美的阶段。他认为，在没有反例的情况下，探讨上帝存在与否毫无意义。不过，他很早就意识到了宗教的社会力量。当我们试图理解孔德及其同时代的法国学者的著作时，务必要将启蒙思想这一大背景纳入考虑，尤其是 1789 年至 1799 年法国大革命之后的那段时期。在 19 世纪初期，更为开放的社会思想包容了那些对意识形态和政治制度的质疑。孔德就曾表示，长期以来，教会的存在一直制约着社会的发展。他所信奉的新宗教以天主教为蓝本，从科学中汲取

①2005 年，美国法官判决，在宾夕法尼亚州州立中小学校中禁止教授智能设计理论。——译者注

了很多神学概念的等价物，并取而代之。例如，瞻礼日（Feast Day）变成了纪念科学家、哲学家和诗人的节日；教会的主日崇拜等活动被"人本庙"（Temples of Humanity）礼拜取代；代表着秩序与进步的那对母子身上有太多圣母玛利亚和耶稣的痕迹。

这种对科学的力量和益处的狂热信仰通常被称为"科学主义"（Scientism）①。虽然在整个19世纪，人们对科学权威的认可不断加强，但时至今日，"科学主义"这个词仍然或多或少地带有贬义色彩，通常用来批判像孔德那样对科学教条的过度信任和依赖。实际上，在当时对科学项目的批评中，有一部分是在争辩科学原则可能就是建立在信仰而非经验证据之上。对于这些来自社会科学和宗教人士的质疑，我们将在第7章中进行详细讨论。

无神论（Atheism）虽然否认神的存在，但它并不是科学、实证主义或科学主义观点的必然结果。科学主义认为，唯一可靠的知识来自科学方法论，而神学问题毫无意义。自19世纪开始，越来越多的实证派科学家拥抱了科学方法，但仍然持有各自的宗教信仰（也包括无神论）。在当代，将无神论与科学实践联系起来的典型代表是生物学家理查德·道金斯（Richard Dawkins）。虽然科学界普遍支持道金斯的观点，但还是有大量的科学家选择将科学研究和个人宗教信仰分隔开来，在他们看来，自己的工作和神学思想基本无关。

---

① 科学主义坚信科学方法、标准和结论是知识的唯一合法基础。——译者注

数学的声望

孔德所提出的人道教的根基是他创造的实证主义（Positivism），这是一个用理想化的科学观将科学、哲学、历史、政治和社会研究融合起来的系统。虽然人道教的整体组织失败了，但孔德的哲学作品对后世产生了深远的影响。他在一个简单的框架上建立起了科学等级的概念。他根据人们对每种知识形式的解释程度对它们进行排序，屹立在金字塔顶端的是数学。在孔德看来，数学既是普适的，也是十分精确的。**作为最古老的观测科学，天文学的成功也要归功于数学的精确性——通过它，人们得以不断发现天体运行的规律。**孔德将每一个科学领域的力量与它的历史以及数学化程度联系起来，其中评分最低、进步空间最大的是由他提出的社会学。

其他人也得出了类似的结论。阿道夫·凯特勒（Adolphe Quetelet，1796—1874）是天文学家、比利时皇家天文台的创始人，他分析了人类个体在诸多方面的差异（如身高、体重等），发现将这些特征的数据可视化后会得到一条钟形曲线。1828 年，凯特勒发现了人类个体差异与天文学测量分布之间的相似性。他指出，这种规律遵循"社会法则"（Social law），这类似于自然哲学家所定义的"自然规律"（Natural law），并把自己的重要作品命名为《社会物理学》（*Social Physics*，1869 年）。举例来说，凯特勒运用统计学方法定义了用于确定正常体重的"身体质量指数"（BMI），他还根据最常见的人类属性值，提出了"平均人"（l'homme moyen）的概念。他将这些方法与社会行为（尤其是犯罪行为）分析相结合，涉及的影响因素包括贫困、饮酒、性别、教育和气候等。

对生命体的研究也吸纳了科学方法和数学描述。心理物理学（Psychophysics）就是科学与数学进军人类研究领域的典型，德国实验心理学家古斯塔夫·费希纳（Gustav Fechner，1801—1887）于 1860 年提出了这一概念，这是一门通过物理学方法来研究人类感知的学科。费希纳的目标是改造心理学，将这个在当时被归入哲学研究范畴的领域转变为实证科学。为了找到物理刺激与其对应的感知之间的数学关系，费希纳总结出了一条定律：当刺激以几何级（即指数级）增加时，感觉强度会按算数级（即线性）增强。视觉、听觉、触觉、味觉和嗅觉这五大感觉被选定为定量测量的基础。

后来，威廉·冯特（Wilhelm Wundt，1832—1920）在费希纳的基础之上开展深入研究。1879 年，冯特在德国莱比锡大学（University of Leipzig）创建了第一个心理学实验室；两年后，他又创办了该领域的第一本期刊。冯特认为，人类的大脑由诸多功能迥异的部分组成（这一概念并不新奇，18 世纪末 19 世纪初的颅相学家就提出过类似的主张）。其他学者广泛采纳了他提出的一些数学方法，比如确定可以检测到的感觉的阈值，或是通过调整两种不同的刺激让被试者产生同样的感觉。事实证明，这些过程在不同的人类被试者身上基本是可重复的，这也提振了人们对确定可靠的量化规律的信

心。冯特对孤立特征的研究，以及他通过对照实验建立起来的感知
理论，都有别于这一领域的传统。后来，这发展成为心理学研究中
备受推崇的方法。

在物理学中，数学的根基早已非常牢固。自牛顿的《自然哲学
的数学原理》出版后，数学描述便植根于天文学和物理学之中，并
逐渐将触角伸向了化学领域。以往通过学徒制和经验传承等方法
获取的工程知识，也越来越多地和数学物理学联系在一起。作为
19 世纪杰出的发明家和物理学家，威廉·汤姆逊总结出了这样的
共识：

> 我常说，当你能测量自己所说的事物，并可以用数字
> 来表达时，那么你就真的了解它了；但倘若你无法用数字
> 来表达，那么你的这些知识就是微不足道的；它可能是知
> 识的开端，但你在思想层面几乎还未达到科学的高度，无
> 论这个事物是什么。

这段话最早出现在 1883 年汤姆逊的一篇关于电气单位的演讲
稿中，到了 20 世纪，它又被镌刻在很多大学工程学院的教学楼上。

赫尔曼·冯·亥姆霍兹（Hermann von Helmholtz，1821—1894）
的研究横跨物理学和生理学两大领域，前文提到的冯特正是他的学
生。亥姆霍兹将从前分离的不同学科主题融合成了一个综合研究领

域。例如，在声学研究方面，他开发出了能够制造声音的设备，并将其应用于由人类被试者参与的实验，以此来确定人类对音高和音量的感知范围。在 1867 年出版的著作《生理光学手册》（*Handbook of Physiological Optics*）中，他更进了一步，阐述了关于深度与感知、色觉与视觉生理学的实验和理论。亥姆霍兹和他的同事采用了一种另类的方法，即将自然和生命世界投射到物理学方法论上，这背离了推崇自然哲学（见第 7 章）的上一代学者的理想。历史学家彼得·鲍勒（Peter Bowler）和伊万·里斯·莫里斯（Iwan Rhys Morus）曾这样概括道："上一代人曾希望证明宇宙是一种生物体，而新一代生理学家则希望证明生物体其实是机器。"

如亥姆霍兹在书中暗示的那样，人类视觉在 19 世纪成了一片科研沃土，并越来越多地受到数学方法的影响。科学家发明了万花筒、立体镜，以及包括显像管在内的电影器材。这些发明都是通过数学分析得来的新概念，都成了大规模量产的娱乐设备。正如前文所讨论的那样，科学在工业领域的应用成为 19 世纪的创新发明的一大特征。经过制造业的加工，这些光学设备很快就赢得了大批用户。

19 世纪末出现的光的量化具有重大的意义，虽然普通读者对此可能感觉并不明显，但在经济上却是格外重要的进步。当时，电气照明逐渐发展起来，与过去几十年间一直一枝独秀的燃气照明展开了激烈的竞争。这种商业竞争得到了科学家的助力，他们根据定量方法对照明系统的测量和判定进行了标准化定义。光的产生效率如何，燃料、设备年龄以及其他参数会对它造成多大的影响？产生的光的稳定性如何，这种稳定性又是如何分布的？城镇管理者该如何监控燃气和电力的供应情况，制造商又该如何确保他们生产的灯泡的品质？在科学家对人类观察者进行光强度判断实验后，这些问题的答案才逐渐得以标准化。在这些实验中，研究者以近乎机器化的方式处理人类的感知，从而得到了客观的测量结果。直到 20 世纪 30 年代，人类观察者才最终被新兴的测量仪器取代，虽然人们很难用严格的数学关系来定义"普通观察者"。后来，科学家 H. D. 默里（H. D. Murray）在概述这一领域时指出："简化那些复杂的情况是所有物理测量方法的共同特征，这在确定颜色是否符合要求的时候最为常用。"若将数学应用于生物体，则需要被试根据项目的要求不断调整自己。

科学潮流势头强劲，也将量化方法推向了其他学科和普罗大众。像天文学这样有着悠久历史的科学体系成为化学和社会学的发展蓝本。工程学则采用了物理计算，并促进了微积分等数学工具的进一步发展。发明家和他们的客户越来越习惯于使用数学术语来比较产品。数值描述所带来的诱惑，让那些想加入科学行列的学科纷纷启用了物理工具。在接下来的一个世纪里，这种对量化的推崇席卷了大众文化领域。

是什么造就了医学

人们对数学的信心与日俱增，这让很多知识领域都发生了不同以往的变化。正如我们所看到的，量化理论前前后后吸引了无数物理学家、工程学家，以及那些曾以哲学为主要导向的心理学家。孔德、凯特勒等学者将数学方法应用于社会研究。"典型人类"的概念和个体之间的偏差也得到了量化。在 19 世纪，数值量度也逐渐渗入了医学领域。

乍看起来，将医学与科学区分开来似乎是毫无根据的。学术界之所以这样做，是因为"科学医学"（Scientific medicine）代表了一条新的发展脉络，这条脉络是从不断发展演变的古老知识体系中延伸出来的。纵观历史，这一学科分支的发展实际上到了 19 世纪晚期才变得清晰起来。从专业角度来看，在以往的医学史中，医师通常都是各用各的术语。在第 6 章和第 7 章我们将会讲到，科学史虽然海纳百川，但是直到最近才将技术史学家、社会学家、哲学家和医学史研究者纳入其范畴。

那么，究竟什么是"科学医学"呢？可以确定的是，正如第 2 章在介绍希波克拉底的"四液论"时所提到的那样，自然哲学、生物学和医学之间存在着紧密的联系。这些方法对医学的影响系统而广泛，甚至堪比当年亚里士多德的物理学和宇宙学所受到的冲击。医学系统的变迁过程几乎尽数复制了物理学历史上发生的变革——

在科学革命时期，传统的医疗体系遭到了观察实践、解剖和实验等方法的挑战。那些公认的、历史悠久的医学传统境况迥异，有的遭遇考问与挑战，有的不断发展壮大，有的则被彻底取代。

另一种能够检验"科学医学"的方法，是回顾并总结不断变化的医疗实践。我们以苏格兰的克里奇顿皇家医院（Crichton Royal Hospital）为例，这家医院始创于1839年，是一家极具创新精神的精神病院（巧合的是，它现在成了我所处的大学校园的一部分）。有幸得以留存下来的病历记录显示，在入院时，那些早期病患只需要进行简单的基础体检，然后医务人员会通过与患者面谈、参考介绍信给出诊断意见。有时候诊断意见略显冗长，甚至会描述患者的举止、习惯和仪态等，但是涉及的测量数据只有脉搏和呼吸。

在这一时期，这家医院的环境本身其实就是它采用的主要治疗手段的缩影。克里奇顿皇家医院整合了各种设施，并按照社会阶级对它们进行归类，用来接待高层人士的是类似天主教堂的建筑，而治疗那些壮劳力的场所则是农场，此外，医院里还设置了供人休息放松的艺术工作室和花园。这些建筑的造型和排布是为了突出周围山丘的美景，并阻隔附近城镇的景色（很多病人都来自这些地方）。当时，医生开出的治疗药物基本上只有"麻醉药和泻药"。

到19世纪70年代末，克里奇顿皇家医院的管理者仍然常常建议对病患进行限制和隔离，以求让"更高阶级的病人"得到精神上的放松。19 世纪 80 年代，这家医院引入了一套新的"分离系统"（Segregate System），从而在不同的建筑中为归属于不同类别的病症的患者进行诊治。19 世纪末，在脉搏和呼吸等测量数据的基础上，医护人员开始记录患者的血压，偶尔还会进行血液检查。

从 20 世纪 30 年代中期起，这家医院的医生开始进行实验室研究（主要涉及神经病学、病理学和精神病学），希望通过实施休克疗法（如用麻醉剂延长睡眠时间）、电痉挛疗法、胰岛素治疗（诱导大幅降低血糖）和前脑叶白质切除术，更积极地干预精神疾病。到了 20 世纪 50 年代，一些新兴的精神药物也被纳入了传统的治疗方法。

于医学专业及其机构、组织观念、实践方法、技术的转变而言，克里奇顿皇家医院就是一个缩影。这种变化的趋势无疑是不断向前的。事实上，医学史上经常会出现类似这样的案例。不过，我们也发现，当时很多医生仍然坚决抵制将科学方法引入医疗实践，甚至抗议自己的专业知识遭到了否定并被取代，很多病人也不希望自己和医生的关系变得越来越冷漠。

传统上，医生会对患者进行检查和询问，在此基础上做出整体评估，并给出诊断意见。到了 19 世纪末期，这种信息收集的方法与同一时代的其他学科所采用的方法截然不同（比如，对比心理学引入了新的实验方法）。一些医生开始指责传统的方法太过主观，过度依赖那些经验丰富但难免会有个人偏见的医生。这样看来，将测量引入医学就成了大势所趋，因为它能够缩小偏差，做出更客观的评估。这种寻求科学客观性的尝试表明传统医疗实践转变了方向。

后来，随着工具设备在医疗行业的普及，医疗器械发展成为独立的行业。在克里米亚战争期间，白衣天使佛罗伦斯·南丁格尔（Florence Nightingale，1820—1910）展现出了专业护士的诸多素质——训练有素，善于观察，并能够借助统计方法对治疗方案进行评估和比较。在 18 世纪末 19 世纪初，温度测量成为护理行业的一项专业技能。会用温度计的护士成了专家，他们根据观测到的读数，记录疾病的发展过程，并采取适合的治疗方法。

医疗机构借鉴了在学术界、工程行业和商业领域变得越来越普遍的方法。与前文提及的克里奇顿皇家医院一样，很多医院开始按照疾病类别有条理地组织患者（南丁格尔就是一个很好的例证），实际上，这参考了 19 世纪末弗雷德里克·W. 泰勒（Frederick W. Taylor）等"效率工程师"（efficiency engineer）所提倡的工程生产实践方法。（泰勒提出的"科学管理"对 20 世纪的企业有着深远的影响。）自 20 世纪以来，医院病房的分类不断细化，医务人员的分工也越发清晰。第一次世界大战后那种仅由一位全科医生坐诊的惯例发生了很大的变化，医院中新增了对应着详细专业区间的医疗从业者等级制度。

实验室测试在医药行业中的普及，则要归功于同样采用实验方法的生物学研究的进步。从 19 世纪末开始，这种研究朝着三个截然不同的方向发展，每一个都是由科学方法推动的。首先，自 19 世纪 40 年代起，公共卫生研究发现，传染病可能源于恶劣的环境条件，比如饮用水被污染（我们将在下一节中对此做更进一步的探讨）。对贫民窟状况的研究，则进一步印证了健康与卫生、收入、饮食之间的相关性。诸如霍乱、斑疹伤寒、白喉、疟疾和天花等传染性疾病数量锐减，很大程度上可以归因于上述环境条件的改善。简而言之，人们意识到，维多利亚时期之所以疾病肆虐，其中的社会因素不容忽视。其次，优生学家（见第 3 章）认为，某些疾病可以遗传。在他们的推动下，专业隔离医院建立起来，以防止某些疾病传染给普通人或是患者的后代。最后，化学家和生物化学家也参与到医学工作中，研究疾病的生物学原因。19 世纪末 20 世纪初，研究人员开始重视与引起疾病的细菌相关的理论，法国化学家路易·巴斯德（Louis Pasteur，1822—1895）和德国医生罗伯特·科赫（Robert Koch，1843—1910）就是其中的代表。科学医学在这三个方向上的发展经历了几代人的实践和努力。

19 世纪末，采用了科学方法来研发新药物的制药业发展迅猛，市面上不断出现能对由微生物引起的特定疾病进行针对性治疗的产品。20 世纪，疫苗成功地加入了人们对抗顽固疾病的战斗，帮助人们击退了白喉（1923 年）、脊髓灰质炎（1954 年）、腮腺炎（1967 年）和风疹（1970 年）等顽疾。同样也是在第一次世界大战后，激素治疗技术突飞猛进，像治疗糖尿病的胰岛素这类激素药物改变了很多慢性疾病的治疗方法。除此之外，药师们还发现了饮食中特定营养物质缺乏造成的影响，并找到了对应的补充治疗方式：维生素 A 用于治疗夜盲症，维生素 B 用于治疗糙皮病和脚气病，维生素 C 用于治疗坏血病，维生素 D 则用于治疗佝偻病。

医疗仪器的发展与物理学和工程学密不可分。1895 年，X 射线被发现（详见第 5 章），并被迅速应用于骨折诊断和子弹嵌入位置的判断等。与健康、疾病相关的技术代表了一种广泛的文化转变，深深地影响着医务人员和患者。有趣的是，当年克里奇顿皇家医院记录的患者的妄想症假想，很多都与当时的新技术相关，例如，在 19 世纪 70 年代，有些病患感觉自己受到了铁路、电流和电报的迫害；19 世纪 80 年代时，越来越多的病患认为电话和电力技术给自己带来了不良影响；到了 1920 年前后，病患们又开始指责无线通信和真空吸尘器。

科学医学多点开花、各方面共同发力，改变了疾病的治疗方法。美国著名医学家劳伦斯·J. 亨德森（Lawrence J. Henderson，1878—1942）指出，在 19 世纪末 20 世纪初，患有某种随机疾病的某位随机患者被某个随机医生治疗，救治成功的概率在人类历史上第一次超过了 50%。

科学与国家

19 世纪初，科学实践的另一个主题是国家在其发展过程中所扮演的角色。在启蒙运动期间，政府和国家通常会因为一些零散的事件参与哲学活动。这种零星的参与在 20 世纪转变为公开地介入科学活动。

正如 17 世纪时弗朗西斯·培根在其著作中所描述的那样，长期以来，科学活动一直与权力有着千丝万缕的联系。不过，统治者对这一点的认识却来得较晚。于 17 世纪中叶兴起的科学社团吸引了众多当地的学者，然而，直到 1666 年，即距离培根去世后又过了一代人的时间，法兰西科学院（Académie Française des Sciences）才在巴黎成立。这所科学院旨在促进法国科学的发展，得到了国王路易十四的支持。17 世纪末，该机构制定了更详细的规则条例，设置了永久总部（地点在卢浮宫），并吸引了众多带薪学者和研究助理。当时，这所机构的 70 位成员建立了一个植物园；为了开展天文观测，他们还进行了大规模的探险和研究。这些信息采集任务被视为服务于国家的科研项目，有助于提高法国的声誉，例如，天文观测促进了精准导航的发展，这在探险及殖民活动十分活跃的时期有着不可磨灭的贡献。除此之外，这些学者还能为国家建言献策。

相比之下，英国皇家学会和英国政府的关系则若即若离。在

1660 年英国恢复君主制度后，新国王查理二世在登基不过数月后就开始向皇家学会提供赞助，这让法国人民羡慕不已。不过，他对这个"物理－数学实验学习大学"的赞助并没有扩展到学者个人。在当时的英国，科学几乎完全不属于政府的职权范围，自由放任的态度在科学团体中占了上风。国家为什么要参与这些休闲活动呢，毕竟这其中不少研究是消遣，或是追逐潮流，或者是为企业寻求利益？事实上，国家对科学的关注最初是断断续续的，不过后来，这样的关系被一段可以概括为"骄傲与恐慌"的时期改变了。

1851 年，维多利亚女王的丈夫阿尔伯特亲王出资赞助了"万国工业博览会"（The Great Exhibition of the Works of Industry of all Nations）。他是维多利亚时代富裕阶层中典型的科学与工程发烧友。在他的支持下，一个由玻璃和铁组成的庞大建筑在伦敦海德公园迅速组装完成，这就是"水晶宫"（Crystal Palace）。这次展览展示了英国的创新实力，并赞颂了该国自工业革命以来所取得的伟大成就。这座水晶宫总长约 530 米，中心处高达 30 米，展出了近 14 000 件展品，参观者能够比较来自大英帝国和其他国家的技术产品。这次展览的成功点燃了其他国家的热情，后来世界各地陆陆续续地办起了类似的展览，其中包括纽约（1853 年）和巴黎（1855 年）的展会。在艺术方面，1867 年，一场惊世骇俗的世界博览会（Exposition Universelle）在巴黎举办。这次展览中首次出现了国家展馆，共展出了来自 41 个国家的 50 000 余件作品。英国的参会人员被其他国家的创新产品以及在科技上的巨大投入震惊了，并忧心起了对手的进步给未来的国际贸易带来的影响。

随后，展览会的形式迅速风靡全世界，法国巴黎每 11 年会举办一场，而到了 19 世纪末，布拉格、安特卫普、芝加哥、墨尔本和布法罗等城市也加入了这场浪潮。这些展会中的每一场都会在某些方面引起英国人的担忧，甚至是恐慌。这种紧迫感促进了英国高等教育的发展。19 世纪 60 年代，在英国的大学里学习科学的男性大约有 1 000 人，而在接下来不到 25 年的时间里，这一数字就蹿升了 5 倍，而后在第一次世界大战之前又翻了 5 倍。英国对科学院系以及学术专家的支持，是教育获得迅猛发展的关键因素。例如，1883 年，苏格兰的格拉斯哥大学、阿伯丁大学、爱丁堡大学都开设了科学系。而作为那次皇家展览的产物，英国政府在位于南肯辛顿的科学与艺术部（Science and Art Department）中设立了科学系监察局。这一部门的建立初衷是确保学校的课程安排可以更好地提供科学教育，以培养出更具商业竞争力的一代人。

吸引政府参与科学事业的另一个诱因是健康与安全问题。英国政府后来也为此设置了专门的检查机构。19 世纪时，三大制造业造成了严重的环境污染。1810 年前后发明的煤气灯导致大规模的燃煤。而从 19 世纪中叶开始，随着合成染料生产需求的增加，大型化工厂如雨后春笋般涌现出来。棉花产业则越来越依赖工厂的燃煤蒸汽机，以及用于布料漂白的苏打（碱）。常见的勒布朗制碱法存在一大副作用，即在生产过程中会向空气中释放大量的盐酸蒸气。仅在 1850 年，英国小镇威德尼斯（Widnes）的苏打厂便烧掉了 200 多万吨煤，平均到当地的人口，相当于每个人烧了大约 1 000 吨煤。在这些城镇周边，植物和野生动物濒临灭绝，甚至连当地居民的生命也岌岌可危。1863 年，英国颁制《碱业法》（Alkali Act），并任命 5 位检查员负责控制采用勒布朗制碱法的苏打厂的污染物排放。政府派出的第一批检查员虽然造访了这些工厂，但在之后的 40 年里并未带来任何改变。

19 世纪的领导者遇到的另一个迫在眉睫的问题是霍乱。在 19 世纪 20 年代英国东印度公司（East India Company）征服孟加拉之后，霍乱首次上升成了世界性问题。1831 年，这种传染病蔓延到英美两国。随后分别于 1849 年、1853 年和 1866 年爆发的传染病大流行导致英国约 11.5 万人死亡，美国的死亡人数更是达到了 20 万。1854 年，维多利亚女王的医生约翰·斯诺（John Snow）指出，霍乱疫情可能与受污染的水源有关。这一推理条分缕析，对社会医学问题做出了科学解释，并获得了学术界的认可，直接推动政府开始支持新的水清洁标准。1875 年颁布的《公共卫生法》（Public Health Act）既体现了政府对科学证据的极大信任，也是一次大胆的政府行动。

英国政府对科学的支持就以这样一种奇怪的方式表现了出来。在维多利亚女王统治时期，英国政府主要是通过向学校、化工厂、燃气和水供应商派驻检查人员来参与科学活动。这些人都是受过专业科学训练的政府雇员，负责确保上述机构及企业提供的服务和产品的质量。

19 世纪后期，以德法两国为代表，政府对科学的干预从预防性监管逐渐转向了直接正向支持，比如建立"国家实验室"。1875年，法国政府成立了国际计量局（Bureau International des Poids et Mesures），规范了量度标准，并凭借公制单位的使用扩大了出口。1887 年，德国政府创建了帝国物理技术研究院（Physikalisch-Technische Reichsanstalt），这是一个旨在促进实验物理发展的国家机构。实业家维尔纳·西门子（Werner Siemens，1816—1892）曾表示，该研究院与"科学和技术的进步有着密切的联系"。1899 年，英国成立了国家物理实验室（National Physical Laboratory）；1901 年，美国紧随其后创立了国家标准局（National Bureau of Standards）。这些国家都凭借着对科研的支持，推动了产业的发展，并增强了自己的国际竞争力。这些机构所取得的科研成就不胜枚举，包括船体设计、电气产品的标准化、物理常数的确定等。20 世纪初，由国家出资支持科学发展的策略逐渐成熟并不断扩张。

HISTORY OF
SCIENCE

5

魅力无限的 20 世纪，
科学带来重大转折

为什么说 20 世纪是科学发展的"黄金时代"？
科学如何从象牙塔走向商业应用？
我们该如何去规避"技术创伤"？

在本章及本书最后两章中，我将主要向读者介绍过去一个世纪的科学发展史。细算起来，记录这 100 年间的文字几乎占据了本书一半的篇幅。这几章也呼应了本书开头便提到的计划，即不仅要概述科学史，还要探究"科学史的历史"。对今天的普罗大众和专业的科学史学家来说，20 世纪毫无疑问是魅力无限的。在 19 世纪，科学经历了剧烈变革，触及了诸多新的领域，对新的文化压力也做出了回应。科学与社会活动和文化的相关性越来越高，也因此被打上了更明显的技术、商业、军事和政治烙印。科学不仅影响着专业群体，也关乎我们每个人的生活。它那独特的发展轨迹最终产生了全球性的影响。

世纪末的科学

"世纪"这一概念虽然由人为定义，但从人类历史传统来看，每个世纪的开端和终结通常也属于文化自省、更新迭代的阶段。从这一点来看，20世纪初堪称世纪更迭时期的典范，在这段时间里，科学迅速地融入了社会文化之中。

"世纪末"（Fin de siècle）这一术语起源于19世纪90年代，在艺术和文学主题中通常指代一个世纪行将结束的那段时期。它成了一种特殊文化氛围的缩影，糅合了成熟与颓废，散发出全球性的倦怠，颇有几分日薄西山的意味。从某种意义上说，那些曾经崭新的概念都已被挖掘殆尽，人们只能从前人积累下来的经验中去找寻那些仅有细微差别的新发现，或是干脆探索新的方向。然而，这段时间却是艺术创作的伟大时代，它不仅孕育了新的视觉表现形式，如法国印象派和新艺术派，还催生了文学表达新形式，如詹姆斯·乔伊斯（James Joyce）的意识流，并带来了全新的主题，如奥伯利·比亚兹莱（Aubrey Beardsley）的情欲作品。

这种文化氛围也蔓延到了科学实践之中。科学家会对时代的终结和开端做出展望。例如，阿尔伯特·迈克尔逊（Albert Michelson，1852—1931）曾预言，20世纪的物理学将致力于实现更精确的测量，把精度向小数点后的下一位推进，从而揭示那些更为微妙的现象。物理学在19世纪获得了蓬勃发展，人们对这一学科进行了充分的探索和解释。在牛顿去世后的两个世纪里，经皮埃尔－西蒙·拉普拉斯（Pierre-Simon Laplace，1749—1827）等物理学家的努力，牛顿力学的数学表达法变得更为系统化，并取得了巨大成功。热力学（Thermodynamics）在19世纪中叶崛起，旨在通过实验研究和数学解释的紧密结合，对新出现的"能量"及其守恒概念展开进一步探索。19 世纪 70 年代，詹姆斯·克拉克·麦克斯韦（James Clerk Maxwell，1831—1879）对电磁做出了全面的理论阐述，并成功解释了迈克尔·法拉第等学术界前辈的实验观察结果。麦克斯韦的成功源自他传承了前人的实验传统。在各个国家，新理论的诞生路径大同小异。到 19 世纪末，德国、英国和美国分别建立了（或筹备着）国家标准实验室。随着视野的扩展和科学知识达到新的高度，人们不禁回想起 3 个世纪前培根写下的话：也许只需要几代人的努力，活跃的科学就能变成一场运动。

在 19 世纪末 20 世纪初，物理学家虽然对未来发展做出了相当乐观的预测，但新的发现还是迅速引领了一波又一波研究与应用的浪潮。这段延续期以及科学史上的一系列重大事件，都说明了科学在新世纪中对文化的重要影响。在不到 10 年的时间里，人们发现、解释并应用了一系列新现象，新的专业团体和商业市场应运而生，更重要的是，公众的参与度也迅速提高。

新现象的发现主要集中在以电力为中心的研究之中。1886 年，德国物理学家海因里希·赫兹（Heinrich Hertz，1857—1894）通过一系列实验，证明了电火花可以产生电磁（或"赫兹"）波。检测这些电磁波的唯一方法，就是通过它们对其他火花装置的影响。在接下来的 10 年里，人们又先后观测到了其他一些放电现象。图 5-1 中的设备是各式各样的"克鲁克斯管"，英国科学家威廉·克鲁克斯（William

Grookes，1832—1919）最先将这些设备应用于自己的科研项目，这些
管子也因他而得名。大名鼎鼎的克鲁克斯曾担任英国皇家学会、电气
工程师学会、化学工业协会和心理研究学会的会长，这些有着丰富
现象的领域让他着迷。克鲁克斯管具有一种怪异的性质，即当对它
施加电压的时候，电极周围会产生微弱的蓝色光晕。这些"阴极射
线"能让某些材料发出荧光，它们也是电气照明行业中的物理学家
和发明家重点研究的对象。物理学家约瑟夫·约翰·汤姆逊（Joseph
John Thomson，1856—1940）曾利用克鲁克斯管辨识出这些射线是带
电的"微粒"（corpuscle）流，这些微粒后来被命名为电子（electron）。
之后，这一设备"家族"又衍生出了用于电视和计算机显示器的阴

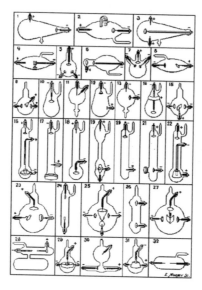

图 5-1　1900 年出现的各式各样的克鲁克斯管（阴极射线管）

极射线管（CRT），以及 50 年后的第一代电子产品中广泛使用的真空管和热离子阀。

1895 年，在使用克鲁克斯管进行实验时，德国物理研究所所长威廉·伦琴（Wilhelm Röntgen，1845—1923）发现了另外一种现象——"X 射线"，它能够拍摄出生物体内部骨骼的阴影图像。很快，人们又发现了这种射线在杀灭细菌、治疗疾病方面的价值。可是用了大约 10 年的时间，人们仍然无法对这种现象做出合理的解释，不过它又的确展现出了巨大的市场潜力。

研究人员曾试图将新发现的射线与已知的属性联系起来。阴极射线的微光与一些特殊的岩石暴露在阳光下时发出的荧光很相似。法国物理学家亨利·贝克勒尔（Henri Becquerel，1852—1908）发现，某些岩石（尤其是铀盐）会释放出一种不可见射线，这种射线与伦琴的 X 射线一样，能使密封包装的膜暴露出来。同样身处法国的皮埃尔·居里（Pierre Curie，1859—1906）和玛丽·居里（Marie Curie，1867—1934）夫妇成功分离出了花岗岩中的两种未知成分（钋和镭），它们也能产生类似的放射光效果。新西兰物理学家欧内斯特·卢瑟福（Ernest Rutherford，1871—1937）先后在加拿大和英国从事科研工作，他发现，磁场可以让贝克勒尔射线发生偏离，阴极射线对磁场的反应则与贝克勒尔射线相反。

这些 α 射线、β 射线以及伦琴的 X 射线都具有独特的魅力，并且看起来都可以演化为不同的物理学分支。1900 年，保罗·维拉尔（Paul Villard，1860—1934）在进行铀实验时，发现了另外一种形式的射线——γ 射线（伽马射线）。这种射线的穿透力极强，它不会像 α 射线那样会被一层薄纸阻隔，不会像阴极射线那样被几米的空气阻挡，也不会像 X 射线那样被骨头阻断，令人瞠目的是，它可以穿透数十米厚的混凝土。此外，γ 射线似乎不会受到电磁干扰的影响，从开阔的天空或岩石中都能探测到它。后来，同样是在法国，物理学家勒内 - 普罗斯珀·布隆德洛（René-Prosper Blondlot）通过进一步分析 X 射线实验，发现了另一种形式的射线，并以他当时任职的南锡大学（Université de Nancy）命名为 "N 射线"。某些材料暴露在阳光之下时就会发射出 N 射线，它和赫兹波一样，对光源有微妙的影响。意大利研究人员曾提出，N 射线是人体发射的射线，可以用于监测血流量。

然而，"字母射线" 的这最后一个变种却使整个故事发生了巨大转折。先后有 14 位研究员（主要来自法国）报告了有关 N 射线的成功实验，但是支持证据却寥寥无几。到了 1904 年，人们开始认定，这些所谓的成果只不过是研究员杜撰出来的。考虑到那 10 年间如雨后春笋般涌现出来的新发现，以及那些新效应在岩石、天空、荧光、电磁和火花中的不同起源，布隆德洛及其同事似乎被他们自己所采用的观测技术误导了。这并不是说这个研究组不符合科学实践的标准，而是这些实践活动本身就缺乏实用性，也没有既定目标的指引。在一片质疑声中，布隆德洛和同事仍然坚持认为自己的发现就是事实。这个时期，科学家和历史学家之间存在着一个有趣的战场，就如何区分科学和伪科学展开了激烈争论。

简而言之，那一代物理学家的研究向世界展示了一系列激动人心的新现象。那时，科学发展既迅猛又激进，以至于我们甚至可以说，20 世纪初的科学发展比现在的速度还要快，也更具革命性。那么，科学的进步是否在加速呢？正如那段时期的事实所展示的那样，科学创新并不总是与投入研究的预算和参与其中的人数挂钩的。

新现象对应的新框架

除了围绕"字母射线"发现的一系列现象外，融合了电磁学机制的牛顿定律也给物理学带来了改变。1905 年，阿尔伯特·爱因斯坦提出狭义相对论，这一理论的影响力在之后的 20 年里（尤其是在 1916 年广义相对论提出后）不断扩大。在狭义相对论的支持下，爱因斯坦直接对电磁学现象做出了解释。这需要人们摒弃一些由来已久的观点，尤其是"参照系"的概念。爱因斯坦认为，无论我们是否在移动（比如在火车上），物理定律都应该是相同的。实际上，他指出，我们无法定义绝对意义上的速度。

这给那些无法通过实验检测到的运动提供了令人满意的解释

（虽然爱因斯坦可能并不知道这一点）。19 世纪 80 年代末，美国物
理学家迈克尔逊和化学家爱德华·莫雷（Edward Morley，1838—
1923）曾试图证明以太的存在。（注意，这与亚里士多德定义的"以
太"并不相同。）在维多利亚时代末期，以太被寄予厚望，甚至一
度被认为有望带来物理学大一统。将近一个世纪的光学实验，尤其
是法国科学家奥古斯汀·菲涅尔（Augustin Fresnel，1788—1827）、
弗朗索瓦·阿拉戈（François Arago，1786—1853）、莱昂·博科
（Leon Foucault，1819—1868）以及伊波利特·斐索（Hippolyte Fizeau，
1819—1896）的研究，让人们开始认为"光"是以"波"的形式
存在的。由于所有的波都需要通过类似水、空气或其他流体介质才
能传播，人们就假设以太就是这样的介质，并且填满了整个空间。
由此，我们似乎可以根据光波的频率计算出以太的力学特性：更高
的频率就需要"更硬"的弹性介质，而且，介质还不能阻碍物体通
过它。

许多物理学家都对以太的存在满怀信心，开尔文勋爵曾在
1884 年的一次演讲中这样说道："相比其他任何物质，我们对以太
的了解要更细致、更深入。"开尔文勋爵以烟圈在空气中飘浮时保
持的稳定形状作类比，提出了"以太旋涡"（Aether vortices）的概
念，并用它来解释原子及其化学组合。（这类似于笛卡儿提出的"实
空"。）物理学家麦克斯韦曾对电磁学做出数学解释，他还设计了一
个机械模型来展示以太在一些现象中的作用。这种对机械类比的严
重依赖，实际上正是 19 世纪末西方世界中物理学研究的一个特点。

　　无论在何种情况下，这种能够支持光波传播的介质都应该可以通过光学效应检测到。于是，学者们提出了迈克尔逊 – 莫雷实验（Michelson-Morley Experiment），希望依靠地球围绕太阳的运动，监测每年每日光速的差异——如果我们假设以太存在且是固定的，那么在地球运动的过程中，光就会从不同的方向穿过以太。地面实验并没有观测到光速的变化，对此，迈克尔逊做出的解释是以太随着地球的运动而运动，所以我们无法观测到它对光速的影响。随后，爱因斯坦的狭义相对论带来了更激进的解释（虽然他很可能并不知道迈克尔逊 – 莫雷实验的结果）：对所有观察者来说，光速都是相同的，无论他们是否在运动。随着相对论最终被接受，物理学家不再寻求对以太做出解释，不过，它的一些属性在近期的研究中又被重新提起。更有悖于直觉的是，狭义相对论暗示着任何物质的运动速度都无法超过光速（c），而质量（m）和能量（E）的变化关系是恒定的，即 $E=mc^2$。

　　就像布隆德洛和他对 N 射线执着的信仰一样，迈克尔逊本人也从未放弃自己提出的实验方法，他仍然坚信可以通过物质在以太中的运动变化检测到以太的存在。为此，他和他的追随者重新设计并完成了更精细的光学实验。直到去世前，他仍在为这一目标而不懈努力。这些案例至少向后来的历史学家揭示了两个重要事实：**一是对知识的客观追求可以顽强到超越社会规范；二是科学声誉对学者有着极为重要的影响，正如布隆德洛的案例所示。**哲学家可能还会补充说，这些案例说明了从实验中获得的观测证据可以由不止一种理论来解释。

相比狭义相对论，爱因斯坦的广义相对论招致了更多争议。广义相对论将他的概念从"惯性"框架（物体以恒定速度运动）扩展到了"加速"框架，这就纳入了引力的影响。这一理论的核心是空间和时间必须放在一起考虑，引力则可以被理解为一种时空的扭曲。在随后的几十年里，人们计算出了这种理论的数学结果，其中就包括黑洞（连光线都无法逃脱的强引力区域）预测。这些研究最终改变了 20 世纪物理学和天文学（爱因斯坦的许多预言都得到了观察结果的佐证）的走向。不过在 20 世纪初，相对论的影响并不显著，很多验证广义相对论的实验都是在 20 世纪末才获得成功的。在 19 世纪末 20 世纪初，对物理学领域来说更为重要的理论要属马克斯·普朗克（Max Planck，1858—1947）提出的量子假设，即所有辐射都可以通过单一能量元素或量子进行传递。普朗克的量子假设能够解释加热体的辐射光谱，这是当时的照明设备制造商和帝国物理技术研究院致力于攻破的难题。

爱因斯坦进一步指出，光本身就是量子化的（后来被称为"光子"），进而解释了光是如何导致真空管发出阴极射线的。这些假说的出现推动着 20 世纪相关领域的国际研究飞速发展，并在两次世界大战之间开辟了量子力学这一崭新的研究领域。与相对论一样，量子力学对科学家原本的世界观造成了强烈冲击。19 世纪关于光的本质的争论（到底是粒子还是波）逐渐消弭，此时需要的只是通过实验来确定光同时具备这两种特性。

在原子尺度上，深受维多利亚时代的物理学家追捧的机械模型几乎毫无用武之地。在 19 世纪末 20 世纪初，射线和粒子成为物理学的重点研究对象。新发现的 α 射线、β 射线和 γ 射线似乎都与物质的性质密切相关。

在世界各地的实验室里，一部分物理学家开始探索这片新的疆土。这些研究小组会通过发表学术论文和培养研究型学生分享自己的科研成果。这些学生通常曾在欧洲几个学术中心学习，之后出于职业发展等原因搬到了新的工作地。例如，新西兰物理学家卢瑟福和英国化学家弗雷德里克·索迪（Frederick Soddy，1877—1956）选择加入位于加拿大蒙特利尔的麦吉尔大学（McGill University），并在那里开展放射性研究。卢瑟福证明了不同元素的放射性会随着特征指数的衰减而下降，并定义了"半衰期"（Half-life）的概念。索迪则提出了"同位素"（Isotope），并用它来解释质子数相同的化学元素为何会出现不同的测量重量。后来，卢瑟福又辗转于英国曼彻斯特大学（The University of Manchester）、剑桥大学卡文迪许实验室（Cavendish Laboratory，他接替汤姆逊担任负责人），进一步促进了那一代学者的国际交流。

20 世纪初期，德国、法国、意大利、英国和美国的研究团体对原子的性质展开了积极探索，不过人们对它的性质还是一知半解。汤姆逊曾把原子想象成一种"梅子布丁"（plum pudding，也称枣糕模型），即较小的负电子嵌入较重的正极材料。卢瑟福的团队则认为，他们的实验证明了原子应该是由电子包围的致密重核，并且两者之间存在着间隙。

富有想象力的实验工作总会带来全新的理论。凭借自己提出的氢原子的非机械模型，丹麦物理学家尼尔斯·玻尔（Niels Bohr，1885—1962）在科学界崭露头角。他将氢原子想象成一个微型太阳系，这一系统由位于中心（或核）的质子，以及围绕它进行轨道运动的较小的电子组成，电子会吸收和释放不定量的能量。电子通常会在固定的轨道上做周期运动，在吸收或释放光子时才会跨轨道跳跃，而不是朝着原子核做螺旋运动。同时代的学者认为，这种微观问题无法用宏观方法来解释。实际上，我们无法精确地追踪像电子和质子这样的亚原子粒子：我们可以准确地知道它们的动量或位置，但是无法同时获知这两个变量。这种"不确定性原理"（Uncertainty principle）最早由德国物理学家维尔纳·海森堡（Werner Heisenberg，1901—1976）于1925年提出。

然而，物理学领域的这些新发现并没有像维多利亚时代的人所希望的那样，最终将物理学整合为一个大一统的主题。一个世纪后，相对论宇宙学（非常贴合天文尺度）和量子力学（在亚原子尺度上非常准确）仍然未能彼此调和。不确定性原理发展成为量子力学"哥本哈根诠释"（Copenhagen interpretation）的核心，后者由丹麦尼尔斯·玻尔物理研究所提出。不确定性虽然是当代量子力学解释的核心，但爱因斯坦本人并不认同不确定性的概念，并抛出了那句"上帝不会掷骰子"的名言。他和其他物理学家设计了一些思想实验，来展示玻尔的解释中那些看起来前后矛盾的悖论，并致力于找寻具体的亚原子物理确定性模型，从而消除确定性的限制。爱因斯坦曾试图寻求一种统一的理论，一种能将万有引力与电磁以及其他基础力融合起来的方法。遗憾的是，直到1955 年这位学术泰斗辞世的时候，这一宏愿仍未得偿。自那以后，相对论与量子力学的调和一直是物理学领域的重要研究课题。

1900 年，随着奥地利神职人员格雷戈尔·孟德尔的实验发现"重见天日"，生物学被彻底改变了。自 19 世纪初起，孟德尔就开始潜心研究豌豆植物性状的遗传。19 世纪 60 年代，达尔文提出了一个他自认为不充分但定性的假说——泛生论（Pangenesis）。这种理论认为，后代从父母那里获得的遗传特征源自父母身体各个部位脱落的遗传微子（即微芽［gemmule］），这些遗传微子会在受精过程中传播、结合。根据泛生论，父母可以将其在生命历程中发展出的身体特征传递给后代，而不仅仅是通过遗传。例如，身体某些部位的残损意味着它的微芽无法促进遗传。这种可能性意味着，父母的后天经历也可能在生物学上影响其后代。这种理论最先由法国博物学家让·巴蒂斯特·拉马克提出，但并没有得到具体实验的支持。孟德尔在他供职的修道院进行了深入的研究，结果发现，生物学特征可以通过"隐性"和"显性"成分的传递来解释，这些成分负责不同的功能，比如豌豆的颜色和表面的纹理。事实上，孟德尔提供的证据之明确，甚至导致部分历史学家质疑起了他的理论可能存在"证实偏差"（confirmation bias，即人们往往倾向于那些能够验证假设的信息，无意识地拒绝那些复杂的、不好的样本）。另一个相关的概念是皮埃尔·迪昂提出的"负载理论"（theory-ladenness），即当现有的理论框架"先入为主"后，人们就很难对实验做出新的解释。尽管如此，其他研究者还是很轻松地就再现了孟德尔的研究结果，他的理论也因此得到进一步推广。对于那个时期的生物学家，尤其是植物育种家来说，孟德尔的研究成功地解释了生物遗传，也进一步阐述了达尔文进化论中的遗传机制。在接下来的 20 年里，随着统计学在这一领域的广泛应用，进化生物学这门学科得以迅速建立。随着遗传学这门新学科的发展，达尔文的基础理论得到了巩固，并越来越趋于数学化。

20 世纪初的科学界充满了变化和不确定性。从那些新发现、新现象和新概念中，研究人员得到了启发，工业家获得了激励，越来越多的普通群众则感受到了振奋。

走进商业世界

伦琴发现的 X 射线是科学不断渗入经济、社会和文化的例证。在 X 射线被发现后不到一年的时间里，人们就对它在医疗中的应用充满了热情，仅美国芝加哥的一个实验室就制作了大约 1 400 张图像，而全世界还有数百个实验室做着类似的事情。

X 射线引起了公众的广泛关注。在 1896 年的一场展览中，它被描述为这一时代最伟大的科学发现，宣传文字称这种"新光"（New Light）能让你看透"金属、木头，甚至可以数清你钱包里的硬币"。X 射线的穿透力引发了人们的好奇和忧虑，为此，一家位于伦敦的公司专门为女士设计了可以阻挡 X 射线的服装，新泽西州的一项法案则禁止人们在双筒望远镜上加装 X 射线装置。1896年，《电气评论》（Electrical Review）上刊载的一首诗暗示了它带来的影响：

> 我心里充满了迷惘、
> 震惊和惊愕；
> 现如今
> 我听说它们会凝视，
> 会穿透斗篷和长袍，甚至会停滞在某处，
> 哦，这些顽皮又淘气的伦琴射线！

公众对科学成果的这种反应其实并非头一遭，这很容易让人回想起一个世纪前人们对静电实验的好奇。不过，这一次，公众对 X 射线的关注度却是史无前例的。为了满足医疗行业的需求，X 射线设备的制造商数量激增。然而，伴随着这些疯狂扩张的，是越来越多

的 X 射线操作人员由于过量照射而残疾或死亡，第一年就出现了 20 余例相关病例，这促使各国政府实验室开始衡量 X 射线的影响，并制定合理的 X 射线接触时间标准。在第一次世界大战期间，X 射线在医疗救治中的应用范围进一步扩大，甚至被用来判断枪伤、骨折和心肺问题。它的作用似乎远不止于成像。支持者声称，X 射线能够用于辅助治疗超过 100 种疾病，轻到胎记，重到梅毒。当时的人认为，辐射对"女性问题"（包括身体问题和心理问题）也有着极好的疗效。X 射线还被用于治疗抑郁症、更年期综合征，以及去除面部和身体表面多余的毛发。越来越多的美容机构获得许可，采用 X 射线机器进行美容脱毛；就连鞋店也引进了 X 射线设备，用以检测鞋子是否合脚。

就这样，在 20 世纪初，人们对 X 射线的控制和应用越来越专业，其他射线也被证明具有医学价值和商业价值，其中，居里夫妇从花岗岩中发现的微量镭是最引人注目的一种，许多物理学家、医学家和企业家都对它十分感兴趣。当时，镭也被吹捧为包治百病的神药，可以治疗包括哮喘、关节炎、偏头痛、牛皮癣和糖尿病在内的各种顽疾。市场上出现了五花八门的含有或经过镭照射的物品，包括用于恢复活力的皮带、水、面霜、牙膏、养发水和巧克力等（如图 5-2 ）。

不受管控的 X 射线和镭的商业应用，引发了一系列严重的健康问题。在第二次世界大战前，由于在脱毛治疗过程中与 X 射线

镭锭　　疗法

在医院或患者家中准备放射性水时唯一用到的科学仪器。

这个仪器能提供可量化的高剂量放射性饮用水，可用于治疗痛风、风湿、关节炎、神经痛、坐骨神经痛、背痛、胃窦和额窦黏膜炎、动脉硬化、糖尿病以及肾炎。索伯曼博士在伦琴学会前的演讲中对此进行了介绍，相关内容在"档案"中有记录。

介　绍

玻璃罐中的穿孔陶器"活化器"含有浸渍有镭的不溶性制剂。它能以固定频率持续发射镭射气，并且可以确保罐中水的辐射维持在恒定可度量的强度，即每日每升5 000至10 000马谢（Mache）。

本产品由镭源有限公司提供
伦敦，莫蒂默大街93号

图 5-2　商业镭疗法（约 1930 年）

资料来源：Caufield，c.1989. *Multiple Exposures*. London，Secker & Warburg，Fig. 8

过度接触，数百名女性受伤或残疾。工厂中负责给表盘涂含镭夜光涂料的工人因在工作过程中舔过刷子，而患上了面部、下巴或喉咙的癌症。新泽西州的主检医师确定了造成这些问题的原因，随后美国镭企业（United States Radium Corporation）因工人诉讼而于 1927 年宣告关闭。直到 20 世纪末，该公司原厂址上堆放的 1 600 吨矿石和受污染的物质才陆续得到处理。

然而，这种对科学知识的滥用并没有迅速引起政府和公众的重视。在 19 世纪末和整个 20 世纪，科学知识的商业应用仍在急剧扩

---

① 马谢为量镭的单位。——译者注

张。如前所述，知识、商业和政府之间的联系缓慢而持续地增强。对科学带来的进步的认同也被视作这个时代的精神。在始于18世纪的工业革命期间，只有少数企业家因为在工业中应用科学成果而获利；在19世纪，政府加强了对这些应用的监督、控制和支持；而到了20世纪，工业文化中开始越来越直接地采用科学观点。科研与工业的联系可以通过三个相关方向的例子来佐证，即工业研究、基于科学知识的商业产品，以及公众通过商业宣传接触到的科学。

在19世纪上半叶，这几大因素从萌生的状态迅速发展起来。蒸汽动力设备的发展带动了物理工业化，化工厂推动了化学工业化，这些进步都对经济产生了深远的影响。到了19世纪末，新科学和新技术的重要性日益提升。自19世纪30年代起，蒸汽铁路网络不断扩大；19世纪中叶，电报的发展让全球通信网络加速扩张；到了19世纪末，英国终于通过通信技术将相关的工程成果联合在了一起：海底电缆将加拿大和澳大利亚等地连了起来。其他国家也意识到了通信的重要性，并迅速搭建起类似的网络系统。19世纪70年代，随着电话的诞生，远距离语音通信不再是遥不可及的梦想。而几乎就在同一时期，电气照明也对传统的燃气照明行业发起了挑战。转眼来到19世纪末20世纪初，越来越多的研究人员投入到了有关无线电通信的研究之中。1888年，赫兹首次证明了无线电波的存在，虽然当时人们还很难对它做出合理的解释。

随着电报、电话、照明设备和无线电等发明的出现，电气工业吸引了越来越多的实践科学家参与其中。有些能人可以身兼数职，既是科学家，又充当发明家和企业家的角色。威廉·汤姆逊就是科学角色转型的早期代表。作为那个时代最具影响力的物理学家之一，汤姆逊曾在格拉斯哥大学担任教授，他将这所学校的自然哲学从一个仅有一位教职工的院系，发展成了由教授、讲师授课并辅以实验室课程的大院。后来这种创新的教学组织陆续被其他研究机构采用，并在 19 世纪末推广开来。汤姆逊在工业界也有着举足轻重的地位，可以说，他的整个职业生涯都与工业有着千丝万缕的联系。1850 年前后，他曾为电报公司提供咨询服务。此外，他还发明了电报设备、航海仪器和光学装置，并借此在工业界大放异彩。设备制造商詹姆斯·怀特（James White，1824—1884）曾与汤姆逊有着密切的合作，并负责制造由汤姆逊设计的电子设备、指南针和测深仪。1899 年，当时已拥有开尔文勋爵头衔的汤姆逊放弃了大学教职，成为开尔文 & 詹姆斯公司的董事。

19 世纪末，新兴的电气工业蒸蒸日上。1886 年，西屋公司（Westinghouse Company）成立，开创了在商业产品中使用交流电的先河。在 1893 年芝加哥世界博览会上，西屋公司的展品几乎填满了整个展厅。克罗地亚裔①科学家尼古拉·特斯拉（Nikola Tesla，1856—1943）发明了交流电，这让高效电动机以及远距离传输水

---

① 此处疑为作者笔误，特斯拉是塞尔维亚裔。——编者注

电大坝产生的电能成为可能。在 1884 年移民美国之前，特斯拉就已经拥有了丰富的电气工程经验。特斯拉曾在托马斯·爱迪生（Thomas Edison，1847—1931）麾下工作，后来组建了自己的独立实验室，在加盟西屋公司之前还成立了自己的公司。

20 世纪时，科学工作越来越复杂，人们曾试图用"理论科学"与"应用科学"这两个概念来加以区分。与通信行业聘请开尔文勋爵来解决技术问题一样，帝国物理技术研究院也将赫尔曼·冯·亥姆霍兹等大批在学术界享有盛名的物理学家招致麾下，与工程师合作进行研发。像爱因斯坦这样的年轻科学家则致力于将抽象知识与工业相结合。抛开爱因斯坦为 20 世纪的物理学贡献的那些极具影响力的概念，他的职业生涯早期的故事却鲜为人知。他的叔叔拥有一家电动发电机制造公司，他的职业生涯始于专利局职员这一职位，不过直到 1930 年前后，他才为自己的一些发明申请了专利，其中包括冰箱的概念和自动曝光相机。

在 19 世纪的最后几十年里，像汤姆逊、特斯拉这样的科学家和工程师开始走进新兴（并不断快速融合）的工业公司，并担任顾问或合约设计师等。到了 20 世纪初期，西屋公司及其竞争对手——由爱迪生、维尔纳·西门子等人领导的企业都雇用了大批受过科学训练的研究人员，希望能够提高生产效率，并改进生产流程和产品设计。举例来说，照明行业的创新需要依赖物理学家对电力传输系统的研究，依赖化学家开发使用寿命更长的灯丝，也需要生物学家、心理学家和医生来研究视觉的本质。越来越多（虽然总数仍然不大）的商业雇员也接受了科学培训。不过，这些职业仍然带有明显的性别差异：女性主要担任电话接线员和灯泡检验员等从属职位，这其实和几代人以前女性在某些天文观测任务中的角色十分相似。在这些领域中，人们通常认为女性更耐心、细致、不易出错。

科学带动的推广和现代化

这一时期，科学角色和分工进一步细化。工业科学家的出现具有双重目的：**一是通过科学设计来提升企业的竞争力，二是给行业增添更多的科学色彩**。科学修辞在产品宣传方面的价值从镭疗法的市场推广中就可见一斑。这也是 20 世纪初在企业中发生的一场广泛的变革。

科学产业的宣传价值根植于相关的文学和商业意义。儒勒·凡尔纳（Jules Verne，1828—1905）早年发表的小说——如 1865 年出版的《从地球到月球》（*From the Earth to the Moon*），率先尝试将文学与现代科学融合起来。从表面上看，用文学的方式去描述客观、理性的追求似乎显得有些不协调。虽然在更早的文学作品中也不乏将科学与冒险关联起来的例子，但是采用的口吻和写作手法截然不同。例如，玛丽·雪莱（Mary Shelley）于 1818 年出版的小说

《弗兰肯斯坦》（*Frankenstein*）讲述了一个警示故事，展示了创造生命的技术以及这种力量所带来的危险后果，让人们对科学的终极目标充满了敬畏、恐惧和担忧；皮埃尔·路易·莫佩尔蒂（Pierre Louis Maupertuis，1698—1759）讲述了自己到芬兰拉普兰（Lapland）进行大地测量的科学冒险；德国博物学家亚历山大·冯·洪堡（Alexander von Humboldt，1769—1859）则介绍了自己随团队到南美洲的探险，并向公众描述了科学采集、观察和记录的过程。

　　和这些作品比起来，凡尔纳的文字在科技和文学的混合之中添加了一些充满活力的元素，把技术（即应用科学）与想象的环境置于同等重要的位置。凡尔纳最早的作品完成于美国内战时期，后来他一直笔耕不辍，创作了大量充满科学细节、令人惊叹瞠目又不禁点头信服的故事。他所坚持的写作手法经廉价的纸浆杂志（pulp magazine）和一些通俗作家而流行开来，前者如1880年创刊的《阿尔戈西》（*Argosy*，又译为《大船》），后者则包括赫伯特·乔治·威尔斯（Herbert George Wells，1866—1946）和埃德加·赖斯·巴勒斯（Edgar Rice Burroughs，1875—1950）。后来因《泰山》（*Tarzan*）系列小说而名声大噪的巴勒斯也曾为纸浆杂志撰稿，创作了一系列大获成功的火星、金星冒险故事和小说。在同时代的流行文学读者看来，这些故事发生的地点都能找到对应的科学联系，例如，大约自1870年起，意大利天文学家乔凡尼·斯基亚帕雷利（Giovanni Schiaparelli，1835—1910）便开始报告对火星"水道"（意大利语"canali"，后被误译为英语的运河"canal"）的观测。

　　20 世纪 20 年代，公众对科学探险这一主题的兴趣越发浓厚。在这一时期，科学常常会与冒险、探险以及其他刺激又让人兴奋的事物产生联系。美国人雨果·根斯巴克（Hugo Gernsback，1884—1967）是早期无线电行业的企业家，他于 1926 年创办了首本科幻小说杂志《惊奇故事》（*Amazing Stories*）。更多的杂志刊物随之加入了这一新的文学领域，其中包括《惊异》（*Astounding*）、《未来小说》（*Future Fiction*）和《颤栗冒险故事》（*Thrilling Wonder Stories*）。很快，根斯巴克所提出的"科学化小说"（scientifiction）就被简化为了"科幻小说"（science fiction）。科幻小说被证明是一个有着巨大潜力的市场，不少作品被拍摄成电影，登上了当时的剧场。在两次世界大战之间，《巴克·罗杰斯》（*Buck Rogers*）和《飞侠哥顿》（*Flash Gordon*）等系列电影获得了巨大成功。

　　这些杂志不仅连接了科学与冒险，还接通了发明和工业。70 年前由凡尔纳带来的冲击似乎已经不再那样突兀和明显。例如，在 1939 年出版的一期《惊悚故事》（*Startling Stories*）中，科学冒险小说与"罗伯特·密立根（Robert Millikan，1868—1953）的故事"结合了起来。密立根是美国物理学家，其最广为人知的成就是确定了电子的电荷：这种微观尺度的实验在大众眼中就犹如一场冒险。

　　这种类型的小说预示着科学与技术的未来将会和社会发展紧密相关。《大众科学》（*Popular Science*）等男性杂志的出现表明，在西方国家，人们对科学和发明的兴趣已经逐渐成为一种风尚。他们并没有像 19 世纪的前辈一样致力于提高智力和改善民生，而是将科学发现应用于家庭作坊和汽车维修。于是，科学逐渐变成一种智慧技能，其与铺置地板、制作收音机或是清洁机动车化油器的技能一样有用。

这些流行杂志越来越多地把科学与整个社会的光明未来联系在一起。例如，《每日机械》（*Everyday Mechanics*）更名为《每日科学与机械》（*Everyday Science and Mechanics*），并且加入了更多能够迎合这一新主题的内容。这本杂志刊载的文章大多涉及无线电塔、电机、灯泡、飞艇和飞机，以及在阳光照射下闪闪发光、遍布摩天大楼的城市，甚至是工厂和烟囱——这些新行业带来的繁荣景象掩盖了持续的经济萧条。事实上，20 世纪 30 年代的科学逐渐成为社会不可分割的一部分。人们预测科技发展具有大幅改善社会现状的力量，它会把 19 世纪那肮脏陈旧的工业景观转变为 20 世纪闪亮、清洁又高效的世界。科学第一次和现代化画上了等号。

公众对科学的进一步了解得益于流行读物和教育的普及。这种理想主义的观点也被借用到了商业推广文稿之中（就像前文介绍镭疗法时所提到的那样）。也许，科幻小说最普遍的形式是广告。广告宣传中对科学的商业应用的描述几乎和逐渐兴起的科学期刊、小说并驾齐驱。在广告中，科学逐渐成为发现和发明的源泉。很多公司都希望能够在宣传中沾上"科学"的光，从而戴上权威和现代化的光环。

　　我们以医药产品为例。虽然几家大公司（如 1837 年成立于美国的宝洁公司和 1863 年于德国建立的拜耳公司）在 19 世纪末就先后创建了自己的研究实验室，但是过了很久，药物营销中才开始引入科学权威的概念。的确，19 世纪医药行业的标准仍然带有古老的炼金术或宗教的意味，宣传中充斥着"秘密食谱""祖传配方"或"启示"等字眼，比如"美梦品牌药膏公司"（Wonderful Dream Brand Salve Company）。

　　到了 19 世纪末 20 世纪初，药物营销开始越来越多地引用医疗权威。"凯洛格博士的哮喘治疗法"（Dr J. D. Kellogg's Asthma remedy）就是其中一个典型案例，这种疗法实际上是一系列涉及私人水疗和锻炼恢复方案的服务。在第一次世界大战后，广告与科学的联系越来越紧密，那些打广告的公司无论是否真的进行了科学研发，都希望在宣传时借助科技的力量。在两次世界大战的间歇期，印刷广告上的科学描述随处可见。"发现""进步""创新"等词语常与科学术语和统计数据结合起来。广告采用的插图里大多都是穿着白大褂的科学家和各种科学仪器。一直以来被视为客观事实发现者的科学家越来越频繁地参与产品宣传。1941 年，契斯特菲尔德（Chesterfield）香烟广告描绘了研究人员测量该品牌香烟的尼古丁含量，并引用统计数据来表明其尼古丁含量较低，10 年后又引用了"支持吸烟的科学事实"。

　　类似的营销策略在自然科学公司中也深受欢迎。到了 20 世纪中叶，这类主张的普遍性和世俗性在斯佩里公司（如图 5-3）得到了淋漓尽致的体现。该公司声称自己拥有"200 位研究人员、2 000多年的经验"，以此突出其在示波器、显微镜、化学仪器和时间设备方面的深厚背景。

图 5-3　斯佩里公司的广告（1947 年）

20 世纪初，科学、政府和商业之间的联系越发紧密，这也带来了或好或坏的结果。对物理学更科学的理解、用于诊断和治疗的新医疗力量的诞生都伴随着民众对科学及其商业应用的热情。在两次世界大战期间，科学成为流行文化的重要组成部分。20 世纪时，科学和战争之间的联系日益紧密，关于科学知识带来的社会影响的讨论也就被打上了战争的烙印。

化学家之战

发动战争的能力，通常是指保护和拓展国家资源、权力以及民众生活方式的力量，一直以来，它都是（至少在冲突时期是）大多数社会的国家工具。然而，到了 20 世纪，科学越来越多地参与到战争的各个方面。到 20 世纪末，超级大国（这是第二次世界大战后科学和技术专家定义的新名词）将更大比例的经济力量投入到了武器研发之中。

20 世纪初，与科学相关的投资和开发所涉及的规模和范围都还十分有限。举例来说，那时的光学仪器设计很大程度上是已有的仪器制造行业的文化延续。新的双目望远镜、测距仪和信号发射设备虽然偶尔也由科学家设计，但大多数时候它们和 18 世纪的六分仪、勘测仪一样，仍然出自工匠之手。与此同时，于 1880 年前后发明的新型炸药的生产规模日渐扩大。在达纳炸药和爆破明胶的发明者阿尔弗雷德·诺贝尔（Alfred Nobel，1833—1896）看来，他发明的炸药可以终结战争。不过后世对他的记忆大多还是停留在他创设的诺贝尔奖（奖项覆盖了物理学、化学、生理学或医学、文学和国际和平）上。

第一届诺贝尔奖于 1901 年颁发，恰逢第二次布尔战争（1899—1902）、日俄战争（1904—1905）和第一次世界大战（1914—1918）前后的技术应用激增时期。坦克、飞机、潜艇、无线电通信、新型火炮等新技术不断涌现，从整体上提升了军队的战斗水平。不过，抛开第一次世界大战的规模以及工程学在战争中的应用，这场战争也标志着科学家成为战争中的关键参与者。

从宏观的角度来看，战争依赖于化学，化学弹药的供应是发动战争的关键，巨型军工厂更是把科学、工业和政府管理融合在了一起。英国的格雷特纳炸药厂（Gretna Explosives Factory）在苏格兰－英格兰边境绵延逾 14 千米，占地约 2 400 万平方米，它是当时世界上最大的军火工厂。作为英国政府新成立的军需部管理的 18 个工厂中最大的一个，格雷特纳炸药厂雇用了超过 16 000 名工人，参与制造当时最先进的无烟炸药柯代火药（cordite），并邀请了来自英国各地的化学家参与管理。这些化学家中的很多人都是上一代大学教育扩张的受益者，他们有的从兵役中退出，有的则是从学术岗位上借调过来参与筹建新工厂。1917 年成立的英国科学和工业研究部（Department of Scientific and Industrial Research，DSIR）推动了一批由政府主导的科研项目。

格雷特纳炸药厂代表了一种依靠科学专业知识来发动战争的新方式。这场"化学家之战"最终动用了千余名具有化学背景的技术工人，这占据了当时整个英国的科研人员的相当大一部分。如此大规模的工厂管理也对应了新政府的项目。格雷特纳炸药厂不仅需要通用设施和从事化学工业流程设计的科学专员，还需要理性、量化的管理方法。当时，女性员工长期暴露在柯代火药的制作环境中，通过皮肤和呼吸道摄入大量有害物质，因而皮肤发黄、头发变红，并因此被戏称为"金丝雀女孩"（canary girls）。检测和避免此类工业疾病意味着需要政府颁布新的职业健康和安全法律。政府部门还规划、创建并管理工厂附近的城镇。保障高效生产、职业健康和公民权益等任务，扩大了化学家在更广泛的社会规划中的职权范围。这些战争时期的案例意义重大，不仅推动了 20 世纪 20 年代"科学管理"（scientific management）和"效率工程"（efficiency engineering）在西方国家的发展，还为政府管理注入了新的科学方法。

在第一次世界大战后的科学研究中，毒气研发和战场部署也有着重要的影响。在战争最初的几个月里，法军率先在破碎炮弹中添加了催泪瓦斯。德国也研发了类似的化学物品，但是在 1915 年春天之前，这些化学武器很少投入战场。在供职于威廉皇帝化学研究所（Kaiser Wilhelm Institute for Chemistry）的弗里茨·哈伯的助力下，德国军方展开了氯气的部署策略，而氯气是德国化学公司在制造染料的过程中得到的致命副产品。英国及其盟国立刻采取了对应的战场防护措施——最初是使用润湿的棉花来抵御，而后在 1915 年秋天开始使用氯气回击。战时大多数因毒气致残、致死的案例背后的罪魁祸首都是"光气"（phosgene），1915 年末法国首次使用了这种毒气。1917 年德国使用的芥子毒气（mustard gas）更臭名昭著，这主要是因为它更有可能致病、致残，而非直接致死。第一次世界大战结束时，英美两国仍然有大量毒气工厂尚未竣工。在战争中，以德国、英国和法国为主的 7 个国家共释放了近 15 万吨毒气，导致约 9 万人死亡、120 万人受伤。

由于肺部受损而致盲或致残的士兵成为这场战争留在公众脑海中最深的烙印。这些惨绝人寰的悲剧也引起了全世界的声讨，最终促成了 1925 年《日内瓦议定书》（*Geneva Protocol*）的颁布，它明令禁止在战争中使用化学武器以及包括炭疽在内的细菌武器。

到了 20 世纪 30 年代，公众对"化学家之战"的反对主要有两种声音：一是对毒气使用及其影响的恐惧；二是人们越发坚定地认为化学公司从战争中牟取了暴利，它们通过将科学知识与战争挂钩，从而攫取工业和经济上的不当得利。人们创造了"贩卖死亡的商人"（Merchants of Death）一词，并最先把它扣在了诺贝尔的头上，这也足可见人们对军事工业及相关研究的厌恶之情。

即便如此，科学仍然被视作保障国家利益的重要力量。每个国家对战争中科学能够提供的力量都越发重视。不过，爱因斯坦可能是个例外。与同时代的很多科学家不同，爱因斯坦选择逃离德国，从而避免为这里的战争做出贡献。战争初期，英国学者一度对加入战斗充满了热情，这甚至导致在那段时间里，国家实验室的工作由于技术人员参战而受到严重影响。与上一个世纪的先辈的立场形成鲜明对比的是，这一代科学家对国家的忠诚表现得极为明显——在拿破仑战争时期，欧洲各地的科学家之间相对自由的交流并没有受到严重的影响，第一次世界大战的到来却重新筑起了科学领域的国家主义。科学家越来越重视自己的国家，并且在各自的国家中发挥了更为明显的专业作用和社会作用。例如，在将近 10 年的时间里，德国学者一直被排除在国际科学会议之外。这种孤立也导致一小部分学者认为，科学本身已经被社会因素污染了。物理学家菲利普·莱纳德（Philipp Lenard，1862—1947）和约翰尼斯·斯塔克（Johannes Stark）甚至认为，优秀的"德意志物理"（Deutsche Physik）必须反对爱因斯坦领军的"犹太物理"，以及他那充满了"科学欺诈"的相对论。这种主张给科学划上了国家和文化的边界，也进一步支持了 1933 年阿道夫·希特勒（Adolf Hitler）掌权时发表的言论。

物理学家之战

如果说第一次世界大战可以被称为"化学家之战"的话，那么第二次世界大战就是"物理学家之战"。第一次世界大战爆发前夕，各国政府才意识到光学器件、炸药、染料等物资供应短缺，与此不同的是，希特勒上台后就开始筹划另一场世界大战。此时，科学发展已经得到了公开支持。自 20 世纪 30 年代中期起，英国、德国、法国和美国相继研发出了雷达技术（Radar，这是"无线电探测和测距"的英文缩写）。这项高度依赖物理理论和实验的技术在战争期间及战后迅速发展起来。

第一次世界大战期间和战后发展起来的另一项重要技术是原子能。与前文讨论过的"字母射线"的早期观测一样，辐射和原子特性的现象在 20 世纪是重要的研究主题。物理学家和化学家在实验室中挥洒的辛勤汗水，终于在 1939 年将这一领域推上了巅峰——人类首次证明了原子核人工裂变时会释放能量。这一实验离不开中子（neutron），当时距离这种亚原子粒子被发现仅过了 6 年时间。放射性元素在分裂过程中会释放出这种粒子，并转化为原子量较低的元素。重铀核等元素则可以通过与高能粒子的碰撞而实现分裂。

工程界对这一过程的兴趣主要集中在那些被释放出来的碎片上：假若每个原子核在分裂的过程中平均释放一个以上的中子，那么这些中子可能会导致进一步的分裂，且中子数量可能呈几何级数增加。物理学家认为，如果能够设计出这种链式反应或者裂变的级联序列，那么核裂变就将为全世界提供可观的能源。在战争开始时，原子研究在那些有财力和资源进行相关科研的国家秘密地进行着。

在英国，相关的研究已经持续了近半个世纪之久，主要由卢瑟福领导的剑桥团队负责。来自德国的难民物理学家进一步扩充了英国学者的专业知识。这些人熟悉自己国家正在进行的研究，他们带来的消息毫无疑问让英国产生了紧迫感。在英国，有关原子能潜力的首个详细研究于 1940 年展开，代号为"MAUD"。由物理学家组成的小团队得到了帝国化学工业公司（Imperial Chemical Industries）的化学家的支持。最后，他们得出结论：采用铀的原子弹的研制需要花费两三年的时间，而且原子能作为一种能源来源具备良好的前景。由于德国入侵的威胁迫在眉睫，又考虑到英国本土的资源制约，学者们提议将项目移至美国或加拿大继续进行。

在美国，虽然 1939 年 8 月爱因斯坦就曾致信罗斯福总统，但相关的研究活动进行得并不顺利。美国政府决定资助由两位高层管理人员指导的炸弹项目，后来他们也的确发挥了重要作用。范内瓦·布什（Vannevar Bush，1890—1974）在第一次世界大战期间曾任潜艇探测工程师，后来他成为美国国防研究委员会（National Defense Research Committee，NDRC）的负责人。在奉命负责协调于 1941 年成立的美国科学研究与发展办公室（Office of Scientific Research and Development，OSRD）后，他任命哈佛大学校长詹姆斯·布赖恩特·科南特（James Bryant Conant，1893—1978）为负责监督炸药研发的科学家。在了解到英国的 MAUD 项目的情况后，他们说服罗斯福总统资助了史上耗资最为庞大的军事科学项目，也就是后来人们熟知的"曼哈顿计划"（Manhattan Project）。美英两国之间的合作若即若离、时断时续。最初英国认为美国的研究相对滞后，而美国则并不信任英国提供的国际支持和工业援助。在这种情况下，英国最终决定集中精力与加拿大科学家展开合作。

无论是在规模还是应用的科学专业知识方面，原子弹项目都是前所未有的。为了能够在短时间内实现最大化的成功，多种科学和技术方面的尝试同时进行。最简单但又十分耗时的方法是提纯铀的一种放射性同位素来制造炸弹。这项工作又被细分为了三种方法分别进行尝试，每一种方法都需要在田纳西州的橡树岭建造造价高昂的大型工厂。质量略有不同的原子可以通过电磁分离或离心机分离开来。在芝加哥大学，意大利物理学家恩利克·费米（Enrico Fermi，1901—1954）领导的团队采用了一种截然不同的方法，设计出了第一个链式反应堆。当这种由铀和石墨构成的晶格足够大时，就可以将铀转化为一种此前从未被发现的新元素——钚（Plutonium）。人们希望钚也能用于制造炸弹，但是这需要复杂的触发设计。铀弹和钚弹的设计者被安置在新墨西哥州的洛斯阿拉莫斯（Los Alamos），由物理学家罗伯特·奥本海默（Robert Oppenheimer，1904—1967）领导。至于美国、加拿大和英国的研发工作，则由莱斯利·格罗夫斯将军（General Leslie Groves）领导的美国军方统一负责。

每一个独立的发展方向都离不开相应的基础科学研究。这是有史以来第一次军事领导人参与新型工厂的创建和管理，并与基础科学家和工业工程师展开合作。这些工厂必须应对高强度辐射等新现象，其后果和影响也难以预知，例如，当科学家还在努力研究这些现象背后的基础物理学时，化学公司杜邦已经在汉福德（Hanford）建造并经营了一些大型反应堆。与此同时，西屋、通用电气、凯洛格等公司则在努力管理生产、科学家和技术工人。

到 1945 年年初，这些生产反应堆已经分离、制造出大量的铀和

钚，足够用来制造数颗核弹。与此同时，第二次世界大战眼见即将
结束，最初为了阻止德国及其盟国使用原子弹的动力便瞬间消散了。
参与该项目的科学家大多倾向于延迟使用、进行警告性演示或是不
投放这种新型炸弹。然而，军方并未采纳他们的意见，而是主张在日
本使用一枚或多枚炸弹，以尽快结束这场可能还会持续一年并牺牲
100 万美国士兵的战争。1945 年 8 月，一枚铀弹被投掷在广岛，另一
枚钚弹则落在了长崎。到 1945 年年底，大约有 15 万日本人因此丧生。

对科学家和公众来说，曼哈顿计划凸显了科学领域的一个新的
伦理维度，这也是我们接下来要讨论的主题。

"拿走你的十亿美元，让我们再次变回物理学家吧"

越来越多的民众和国家从这段战争往事中吸取了教训。原子弹
的发展巩固了美国的国际力量；在战争中被严重破坏的英国希望能
在战后维持其世界地位，因此制订了自己的核武器发展计划；在战
争中元气大伤并对入侵更为担忧的苏联采用了同样的策略；在法
国，参与过英加原子弹项目的科学家也贡献了自己的力量。对这些
国家来说，原子弹代表了国家的威望和权力，也直接对经济和政治
产生了影响。

有那么一段时间，原子弹承载了更多的意义，这一点在美国尤

为明显：战争的结束让人欢欣鼓舞，同时证明了技术至上的力量。这种文化的回音不仅出现在战后的音乐作品中，比如《原子狂欢》（*Atomic Boogie*）《原子鸡尾酒》（*Atomic Cocktail*）和《天谴原子弹》（*Jesus Hits Like an Atom Bomb*），也出现在口香糖包装（"原子火球，红热的味道"）和性感泳装上。（1946 年出现的"比基尼"［bikini］一词得名于南太平洋比基尼岛上的原子弹试验。设计这种泳衣的法国设计师认为它像原子一般微小又火热，有可能会产生像炸弹爆破一般的兴奋感。）

更令人惊讶的是，原子弹为科学和科学从业者带来了积极正面的名声。20 世纪 50 年代，公众认为科学代表了一种解决问题的全能方案。如此一来，科学营销又成为工业界的新力量。从表面上看，它能够提供的解决方案超出了科学和技术的范畴，扩展到了社会进步等方面。科学家不再是在孤独中客观追求真理的人，现在他们成了国家安全的保卫者、社会进步的推动者，他们也不断地进入企业、商界和政府，并担任顾问或发明者的角色。"火箭科学家"（rocket scientist）和"原子科学家"（atomic scientist）等新词成了全能权威的代名词。

曼哈顿计划的高度保密制度和行政组织为战后由政府管理的军事研究提供了成功的范本。新的国家实验室接管了战后遗留下来的科学项目。在美国，政府资助的原子研究站点——如洛斯阿拉莫斯、新墨西哥州、橡树岭和汉福德，在战后均交予工业承包商管理。加州大学伯克利分校等科研机构也增加了军事领域的研究工作，并越来越依赖政府资金。军方赞助的科研项目越来越多，这些项目主要涉及导弹系统、战场监视、通信研究以及其他具有军事价值的技术。

然而，并非所有科学家都张开双臂迎接战后科研的新纪元，他们中有些人对相关研究可能会带来的危险后果感到担忧，这种担忧随后又转移到了其他领域。物理学家亚瑟·罗伯茨（Arthur Roberts）在战后创作了一首歌曲，表达了对亚原子研究新境况的哀叹：

> 拿走你那十亿美元，拿走你那铜臭的金子，
> 自己留着你那该死的百亿伏特，我的灵魂不会被出卖。
> 调走你的部队长官，我敢打赌，他们的吻是致命的。
> 我制造的每一件东西都是我的；我产出的每一个伏特都是清白的。
> 撤走你们的整合计划；让我们研习，让我们教书，
> 哦，我恳求你们，小心伯克利炎症这种传染病。
> 哦，该死的！工程并不是物理，这难道不是显而易见的吗？
> 拿走你的十亿美元，让我们再次变回物理学家吧。

还有一些科学家选择改变物理这一学科，他们创建了"健康物理学"（Health Physics）领域，将物理学的测量方法与生物学家评估辐射对生命系统的影响的研究结合起来。这一新的科研领域将政

府资助的科研项目扩展到了军事应用之外的领域。残酷的战争让曼哈顿计划本应涵盖的民生（原子能）应用一拖再拖。战后，很多科研人员都希望这些研究能带来积极的社会影响。

然而，在 20 世纪 50 年代，推动英、美、苏三国民用核能发展的并不是工业界，而是政府利益。在第二次世界大战后的 10 年间，原子能研究仍然属于高度机密领域，各国政府起初希望能够改进核武器，随后逐步开始探索核能发电的潜力。由于第一次世界大战后达成的禁令，直到 1955 年，德国才被允许从事该领域的实验研究。在美国和英国，放射性材料和技术的管理由政府主导，两国分别成立了原子能委员会（Atomic Energy Commission）和原子能管理局（Atomic Energy Authority）。法国原子能委员会（Commissariat à l'Énergie Atomique）也发挥着类似的作用。在这一时期，"原子"这一术语逐渐被更为确切的"核"（nuclear）替代。一段时间里，公众闻"原子"色变，这个词总会让人联想到武器，而新生的"核"则不会有这样的困扰；但一段时间之后，这种联系忽然间又完全逆转了。

核能代表了政府与科学之间新的合作方式。这一领域完全由政府管理、资助和领导。在 20 世纪 50 年代末，也即冷战初期，美国的核能发展秘密地进行着，并得到了政府的直接支持。但是直到 1960 年前后，由于与这些技术相关的工程存在不确定性，核能所带来的商业影响仍然十分有限。

　　战争刚结束时，科学家对核技术在武器之外的应用几乎不抱希望。虽然经过了几十年的积累，但铀的存量仍然不足以支持发电，因此，人们开始探索各种新式反应堆。这些反应堆几乎都是通过受控的链式反应来产生热量。科研人员会提取这些热量，并转移到传统的涡轮系统中，进而产生电能。对于这些反应堆的概念中涉及的关键物理特性（比如辐射对材料的影响），最初人们并没有充分地了解。虽然利用核能所需的经济成本难以估算，但人们仍然希望它在某些地区能够媲美其他能源。那时，英国政府已经预见到煤矿工人即将出现短缺，核能似乎可以为这一问题提供一个暂时的解决方案。然而，所有国家的核能发展仍然完全由政治利益推动。英国最早的民用核反应堆卡尔德霍尔（Calder Hall）始建于 1956 年，其对钚生产进行了优化，而非改进电力生产技术。美国希平港核电厂（Shippingport Atomic Power Station）建成于 1957 年，它是为第一艘海军核舰艇设计的陆基反应堆。毋庸置疑的是，核科学可以推动商业的发展，巩固国家的地位，这两者在战后对各国政府来说都至关重要。

　　事实上，核能不仅是科技水平的重要体现，也经常被用于佐证美国和苏联两个超级大国各自经济体系的优越性。对美国来说，曼哈顿计划不仅是战后核计划的范本，也是政府资助的有关国防和健康等领域的长期科研项目的典范。科技的强大力量终结了第二次世界大战，因此，新的政府科学计划也多被比喻为战争，比如 1964 年林登·约翰逊（Lyndon Johnson）发起的"贫穷之战"（War on Poverty），1971 年理查德·尼克松（Richard Nixon）提出的"癌症战争"（War on Cancer），以及 1982 年罗纳德·里根（Ronald Reagan）发动的"毒品战争"。这些举措将物理科学和工程技术扩展到了社会科学与生物科学领域。相比之下，作为曼哈顿计划主要负责人的布什并没有这么激进，他认为，科学"永无止境的发展"可以给一个自由国家带来繁荣。他呼吁政府为科学家的基础研究提供支持，从而使和平时期的科技发展速度足以媲美战争时期。在这一倡导下，美国国家科学基金会（National Science Foundation，NSF）在 1950 年应运而生。科南特是布什在战争时期的同事、美国国家科学基金会顾问，他将这一愿景扩展到了科学史的研究之中。在他看来，科学是一种思想追求，它不会长期受到社会或经济力量的影响。科南特通过哈佛实验科学案例研究（Harvard Case Studies in Experimental Science），进一步从哲学的角度强调了对美国科学史的推崇。同时，科南特的观点意味着，科学在解决问题方面是确实有效的，得到资助的研究势必会获得成功（如图 5-4）。

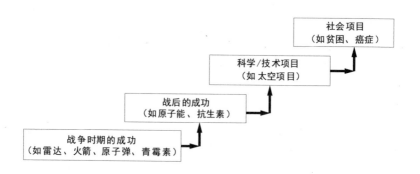

图 5-4　科南特眼中的 20 世纪末的美国科学发展趋势

　　曼哈顿计划无疑向管理者展示了一个诱人的成功案例，并促进了战后"大科学"（Big Science）项目的开展。不过，历史学家可能很难就"成功"一词的定义达成一致。例如，仅凭效率或破坏力来衡量的技术成就，可能很难简单地与社会福利和民众支持建立联系。

　　同样具有讽刺意味的是，战后美国政府和科学界的联盟政策实际上与苏联模式颇为相似。对很多苏联评论家来说，马克思主义的政治哲学是科学的。他们认为，这种思想建立在成熟的社会经济理论之上，可以对历史、社会和政治的变化做出正确的预测。马克思主义带来了注重科学研究的"辩证唯物主义"，采用这种思想的苏联也实现了有计划的、理性的经济发展。尤其是科学家被集中起来后可以高效地开展工作和合作，以解决具有国家意义的重要问题。思想问题会经过理性的选择和研究，而这一过程中不会出现商业上的重复浪费，也不存在利润剥削，所以能有效地实现共同利益。在他们看来，精心的规划和设计能够推动思想和社会的进步。不同于科南特对独立科学家的支持，苏联科学史所展现的更多是集体研究的努力，以及经济和社会对科研的影响。

　　对美国和苏联来说，科学和技术是冷战时期的新战场。制造出数量更多、威力更强大的核武器成了两国一较高下的可见指标。随着 1957 年苏联人造卫星成功发射，美苏之间的"太空竞赛"拉开了帷幕。两国角力科研，斥巨资研发可携带核弹头的洲际弹道导弹系统。直至 1969 年，这场没有硝烟的战争才以美国"雄鹰"号登月舱登陆月球告一段落。

现代科学与史前野蛮人

在掺杂了政治因素的科学兴起的过程中，新的伦理问题也逐渐显现出来。这些问题在第二次世界大战期间积累沉淀。战后，独立科学家的工作以及科学政策所遵循的方向都受到了新框架的影响。

在 20 世纪初，科学家的道德伦理问题偶尔也会被提及。如图5-5所示，科学在战争中的应用饱受诟病，例如，第一次世界大战后，哈伯和其他科学家的毒气研究就引得学术界一片哗然（尤其是在除德国之外的其他国家）。1918 年，哈伯凭借与卡尔·博施（Carl Bosch）合作的固氮研究，以及这项技术对国际农业的巨大价值，荣获了诺贝尔化学奖，但是这也让舆论一片哗然。事实上，在第一次世界大战后，一些学者便开始致力于科学家组织机构的建立，最知名的例子当属英国科学工作者协会（Association of Scientific Workers）。然而，第二次世界大战期间形成的科学力量遭到了更强烈、更直接的批判和谴责。被用作武器的原子弹几乎比毒气还要臭名昭著，因为它不仅会摧毁军事设施和士兵，还会无差别地伤害黎民百姓。

教授："一起来吧，我亲爱的穴居者，我们应该是
战无不胜的！"

图 5-5 "现代科学与史前野蛮人"

注：此图由威尔·戴森（Will Dyson）所作，1912 年发表于《悉尼先驱晨报》
（*Sydney Morning Herald*）。

在之前两小节里，我们已经介绍了原子弹项目的一些细节。曼哈顿计划所涉及的另一层决策是原子技术的恰当用途。该项目希望能够将科研与责任分离开来。英国和美国最初选择开展原子研究，是因为他们设想德国科学家已经开始了类似的研究。在这种关系到敌我存亡的背景之下，几乎所有科学家都对这一工作投入了高度的热忱。政府与军方负责项目管理、决策中的安全和军事问题，更体现了明确的分工。很多科学家在参与这一项目时都带着正面动机，认为炸弹研究所涉及的科学问题具有创新性和重要性。

然而，到 1944 年时，这场由德国发起的战争已经很明显会在原子弹问世之前结束。阿尔索斯任务（Alsos Mission）是曼哈顿计划的一个分支，其成员曾在诺曼底登陆成功后进入欧洲，试图获取德国在研发原子弹方面的最新进展。后来他们得出的结论是，德国人的科研努力是徒劳无功的，虽然直到战争结束时，德国科学家仍在海森堡的领导下努力向这一目标迈进。

在主要的军事威胁已经解除的情况下，完成并部署这种武器是否有其必要性？参与曼哈顿计划的很多科学家曾对此提出质疑。当时尚未投降的日本对美国本土来说并没有任何威胁，而且日本还受到盟军力量的制约。这些科学家认为，那时可以采取的一个可行方案，是向包括日本大使在内的国际观察员展示这种新型炸弹的威力，从而加速战争的终结。

然而，美国军方最终还是出于功利主义的观点，决定向广岛和长崎投掷原子弹。根据估算，如果当时使用常规力量展开军事攻势，那么想要击败日本就涉及海空封锁，或通过逐岛登陆等方式，这将会给美日双方造成惨痛的伤亡。美国又根据曾经在关岛和菲律宾与日军作战的经验，得出了日军并不会投降的结论，并认为战争时间拉长将意味着 25 万至 100 万美军的伤亡。此外，由于在战争期间日本人多被宣传为"不知疲倦的野蛮敌人"，因此，从功利主义的角度来看日本军人的价值就更低了。

功利主义 | 一种传统的道德判断方式，偏好能为最多的
Utilitarian | 人带来最好的结果的选择。

其实，战争时期如此大规模的军事行动已有先例。1945 年 2
月，德累斯顿和东京遭到盟军轰炸，数万人因此丧生，其中绝大多
数是普通百姓。鉴于这些案例，原子弹爆炸后的几个月里，广岛、
长崎的预计死亡人数分别为 10 万和 6 万似乎也在可以理解的范围
之内。（在总死亡人数中，有一半是源于爆炸造成的伤病和放射性
疾病。）

第二次世界大战后，科学战争的伦理成为公开的道德辩题，参
与战时技术研究的科学家也成了众矢之的。在使用并公布了原子弹
后，美国、英国和加拿大三国推出了新的审查政策，以禁止进一步
披露相关信息。1946 年，美国颁布了《麦克马洪法案》（*McMahon
Act*），进一步要求前盟国对相关信息保密。科学信息保密成为一种
新的伦理问题。正如上一小节所介绍的那样，第二次世界大战后，
爱国的科学家满怀政治热忱，希望通过秘密进行的、有助于实现军
事目的的科学研究来保持本国的竞争优势。

在这种微妙的氛围下，科学行为伦理学呼之欲出。对一部分科
学家来说，第二次世界大战后的核研究正如美国核能物理学家阿尔

文·温伯格（Alvin Weinberg，1915—2006）所形容的那样，让他们变成了"玩具工厂里的孩子"；不过另一些人却感到肩负着新的责任与重担。例如，战争时期在洛斯阿拉莫斯领导理论小组的物理学家理查德·费曼回忆称，原子弹的破坏力及其对人类未来生活的影响让他深感不安。

在第二次世界大战期间，科学家曾联合起来，在芝加哥和英国等地分别建立了原子科学家协会。战后，这些科学家通过美国的《原子科学家公报》（*Bulletin of the Atomic Scientists*）和英国的《原子科学家新闻》（*Atomic Scientists' News*），公开表达自己的社会良知。这些战后组织试图教育并引导政府，让他们出于和平而非军事目的来发展原子能，并初步建议国际社会对原子武器进行控制，还与其他国家分享他们所掌握的知识。这些组织通力协作，通过无偿发布原子研究方面的信息，来防止知识垄断以及迫在眉睫的战争危险——尼尔斯·玻尔在战后一直大力推行这一政策。然而，在当时的政治家和政策制定者看来，科学家为和平付出的努力与玻尔的提议都太天真，甚至是愚蠢的。

20世纪50年代中期，氢弹研究在核聚变技术的基础上发展起来，关于核战争的伦理辩论重新唤起了民众的关注。在美国、苏联和英国进行的氢弹测试，引发了舆论对平民可能遭受辐照的担忧。争论主要集中在这种规模更大、杀伤也更无差别的武器的道德正当性，同时抨击了这一技术所引发的军备竞赛。这些道德伦理问题再一次涉及了科学家对国家的忠诚。1958 年展开的核裁军运动（Campaign for Nuclear Disarmament）将这些问题带到了公众的视野之中，这也是公众首次表达出对科学研究及其应用的反对。

科学家对科研发展的责任感因人而异。曾在洛斯阿拉莫斯负责第一颗原子弹研发工作的奥本海默有句名言：

决定氢弹是否应该被使用，这不应是科学家的责任。

刘易斯·沃尔珀特（Lewis Wolpert）是伦敦帝国理工学院应用医学、生物学荣誉教授，他也表达过类似的观点：

科学本身并不涉及价值观，因为它只是在描述世界的本来面目。只有当人们将科学应用于技术（如医学、工业等领域）时，伦理问题才会出现。

在一些评论家看来，这种将科学分类为"理论"和"应用"的划分过于粗糙。此种分类最早可以追溯到 20 世纪初，它是随着商业科学实验室的建立而出现的。这些实验室通常被认为是遵循了弗朗西斯·培根的思想，属于发现和应用知识的自然过程。那么，根据这种理解，科学应用的伦理规范就应该独立于决策过程——从理论概念到最终结果链条中的这一环节。毫无疑问的是，在曼哈顿计划进行得如火如荼的那 3 年时间里，许多参与研究的科学家无暇顾及这种道德困扰。然而，随着核武器的出现，这种道德困境又重新出现。在战后世界里，伦理维度发生了变化。一方面，核武器虽然具有更大的杀伤力，但是受情感牵绊的影响相对较小；另一方面，评论家逐渐将抨击火力转向了某些军事行动的不合理之处，以及它们对整个世界造成的威胁。

第二次世界大战刚结束时，原子弹研究成为科学伦理问题中最突出的一个，不过在接下来的几十年里，这一位置上的"主角"悄然发生了变化。从本质上看，多数伦理问题都是科学家超越了自己的界限，"扮演起了上帝"的角色。这里引用医学界的一个案例。第二次世界大战后，新型药物和技术让心脏移植手术成为可能。在1967年首次进行尝试之后，参与这一项目的患者大多在几天或几个月内死亡，直到20世纪80年代，组织器官排异的问题才基本被攻克。器官移植技术的问世以及生命维持技术的进步，使得医疗从业人员可以延长甚至挽救患者的生命。为了判断是否对特定患者使用或停用这一技术，业界成立了伦理道德委员会（这一组织在20世纪60年代曾经自诩为"上帝委员会"）。

有关科学伦理更近也更具争议的讨论出现在基因工程领域。尤其值得一提的是，在20世纪90年代末，研究人员展开了有关动植物物种改变的研究，这让人感受到与雪莱的小说《弗兰肯斯坦》之间千丝万缕的联系。这一问题覆盖的范围也更广，包括了从功利主义的担忧（例如，为了提高粮食的生产效率而进行的基因改造是否会带来恶果）到科学研究的伦理限制（例如，混合不同物种的遗传物质是否可取）。虽然这些研究起步较晚，有些甚至还在持续进行，但于当代科学史学家而言，它们仍然是值得探讨的重要主题。

对于医学伦理在判断研究和治疗是否恰当方面的应用，第二次世界大战的经验教训具有一定的推动作用。约瑟夫·门格勒（Josef Mengele）等研究人员在纳粹德国集中营的恶毒行径，以及日本 731 部队将战俘当作生物战试验品的医学暴行，最终导致医疗从业者和研究者在战后重新修订了这一行业的伦理准则。

虽然遏制这种公然滥用科学的行为迫在眉睫，但仍然有很多关于伦理和权威的争论。在决定生死的时刻，医生是否应是唯一的权威？研究人员是否可以为了得到新发现、推断出重要的联系，而不受任何限制地去采集社会上暂时没有加以管理的信息？伦理委员会的存在不断地挑战着这些传统。例如，他们认为，如果研究数据没有被适当地限制在既定范围内，就有被滥用的风险。与此同时，研究人员却对来自这群非专业监督员的日益严格的监管感到不满。

近几十年来，无论是在科学界还是在其他领域，职业行为的伦理道德都引起了人们的重视。不过，对于那些评判科学家和科学史学家带来的积极影响的标准和规定（包括他们的研究目标、与被试人员和同事的交流互动、信息的保密和传播等），我们在这里所讨论的案例几乎没有涉及。

技术创伤，源于对进步文化的盲目认可

在 20 世纪之前，每过一段时间，科学研究和科学家就会引起公众的关注，甚至还出现过一些极端的个案。例如，1791 年，暴徒烧毁了化学家约瑟夫·普里斯特利的家。当时，有人将普里斯特利的研究与其神学观以及激进的政治信仰联系起来，那个暴徒还曾公开嘲讽达尔文理论与维多利亚时代的反活体解剖运动。在曼哈顿计划之后，科学的伦理和成就招致了更广泛也更一致的反对之声。

虽然对原子弹的批评几乎被完全压制，但它那更为强大的继任者——氢弹仍然引起了公众的关注。1958 年英国展开的核裁军运动正是这种担忧的佐证。1957 年，英格兰温斯凯尔（Windscale）的钚生产反应堆起火（这也是第一起被广泛报道的核事故），事故的原因在很大程度上是设计师不了解辐照对石墨物理特性的影响。这场事故释放出的放射性烟雾摧毁了当地的牛奶供给，继而引发国际关注。同期还发生了其他一些核事故，不过影响力都不及温斯凯尔事件。这些事故主要涉及核泄漏、污染、过热和爆炸，先后发生在加拿大安大略省（1952 年）、苏联马雅克（1957 年），以及美国加利福尼亚州（1959 年）、爱达荷州（1961 年）、密歇根州（1966年），甚至苏格兰（1967 年）。虽然这些事故也造成了人员伤亡，但由于所在地区对新技术持积极支持的态度，所以公众对这些事件的关注度相对较低。

然而，到了 20 世纪 70 年代，人们对民用核能的批评日渐激烈。公众开始怀疑核武器、美苏两国之间剑拔弩张的关系和民用核电站破坏事件之间的微妙联系。商业核电厂的扩张对其所在地区政府决策的影响日益显著，在一些地区，政府对这一行业的监管和支持也遭到了挑战。1979 年，美国宾夕法尼亚州三英里岛（Three Mile Island）核电厂部分熔毁，迅速引发了人们对这一行业和技术本身的谴责。1986 年，乌克兰切尔诺贝利核电站发生灾难性熔毁和爆炸，进一步加剧了人们的担忧。这些惨痛的失败终结了温伯格所描述的"第一个核时代"，许多计划投产的核电站也暂时转入了停滞状态。相比之下，在 20 世纪末，核能却主导了法国的电力生产。

曾在 20 世纪 50 年代初被誉为社会繁荣的关键的核能研发遭遇滑铁卢，到了 20 世纪 80 年代，人们看到的更多是它所带来的经济损失和公共健康问题。全世界掀起了抵制核能的浪潮，而科学界和科学家也开始重新评估相关的研究。第二次世界大战后，科学家的地位因其在战时所取得的辉煌成就而得到大幅提升，社会对他们的尊重又因为产品和技术的失败转瞬一落千丈。更具讽刺意味的是，在如今全球气候变化的背景下，人们对核电的态度又有望回暖，这一领域的科学家的名望也开始回升。

这种科学与技术一荣俱荣的现象如果只是局限于某个领域，那么也就不值得一提了，在 20 世纪末，类似的重新评估蔓延到了其他科研领域。与核能走过的老路一样，人们的注意力主要集中在与新科学相关的技术失败上。值得一提的是，科学与技术之间的这种紧密联系是 20 世纪的产物。商界、政府与科学之间建立起的联系促进了科学知识的应用，这反过来又推动了人们对布什的"理论与应用"科学概念的理解，不受束缚的科学研究自然而然地带来了一些有用的技术产品。不过，技术并不总是科学的附属品，发明家总是利用多元的创意来进行创造。

对科学与技术之间的关系的简单定义（但学者越来越认为这种简单化不切实际）认为可以通过科学观察来了解自然界，而技术则关系到工具的发明和制造。从前文介绍过的案例来看，科学成就通常离不开实际操作和实验，这同时需要技术技能和目标驱动。同样，让世界适应人类需求一般也离不开人类对世界的深入理解。科学与技术之间有着密切的联系，两者往往会受到哲学观、经济、宗教、创新和社会互动的影响，进而发生变化。

20 世纪末，科学的文化作用越来越受到技术成功与否的影响。第二次世界大战后，科学监测和诊断问题的能力大幅提高，公众对相关问题的反应也变得更敏感、更强烈。1952 年 12 月的伦敦光化学烟雾事件导致污染物在这座城市滞留了 5 天之久，这场烟雾比伦敦人习以为常的雾气还要浓重。1930 年的比利时、1948 年的美国宾夕法尼亚州也曾发生类似的事件，这很快就成了那些汽车城市的通病，洛杉矶受到的影响尤为严重。英国卫生官员发现，伦敦光化学烟雾事件造成了严重的影响，约有 4 000 人死于肺炎、支气管炎、肺结核和心力衰竭，后续又有约 8 000 人去世。这一事件的启示以及公众的强烈抗议最终让英国痛定思痛，在悲剧发生 4 年之后颁布了《清洁空气法令》(*Clean Air Act*)，禁止在工业中和城市中心使用有害燃料。

20 世纪 70 年代，美国东北部等化学工业集中的地区出现了酸雨，酸雨不仅难以识别，也很难与人类活动联系起来。但在接下来的 10 年间，卫星观测检测到臭氧层空洞，罪魁祸首正是人造化学品，尤其是氯氟烃 (CFCs)。20 世纪 90 年代，通过计算机建模，研究人员展示了森林砍伐、废物焚烧等人类活动对全球气候的恶劣影响。在某些情况下，这些问题的发现会导致人们向由科学知识推动的工业发展发难。不过更多时候，这些行业背后的经济推动力才是招致批评的主要原因。

批评之声很快就从物理学领域蔓延到了生物学和医学领域。在科学医学领域，沙利度胺 (Thalidomide) 引发了民众的关注。1957 年，由德国格兰泰制药公司 (Chemie Grünenthal) 开发的沙利度胺面市，这种药物据称可以让人们拥有更"安全、优质的睡眠"。很快，医生在开具处方的时候就选择这种药物来减轻孕妇的孕吐症状。大约 3 年后，这种药物的危险性逐渐显现。在服用过这种药物的准妈妈诞下的婴儿中，很多都伴有耳聋、失明、四肢发育不全等严重的先天性缺陷。全球有近万名"沙利度胺婴儿"出生，他们中很多未及成年便不幸夭折。问题曝出后，药物分销公司、医生和政府迅速召回了此种药物，但是这一事件仍然严重打击了公众对医疗药物的信任。1942 年开始大规模生产的青霉素、随后陆续推出的抗生素，以及 1955 年问世的灭活脊髓灰质炎疫苗曾经带给世界的信心，也因为这一事件毁于一旦。

在第二次世界大战前后，医学界出现了很多新的治疗方法，其中既有失败的案例，也不乏成功的方法。备受好评的医学成果包括 20 世纪 30 年代的铁肺（iron lung）、50 年代的肾脏移植和医学超声技术，以及 60 年代的便携式心脏起搏器。这种心脏起搏器与 1967 年备受瞩目的心脏移植手术形成了鲜明的对比，后者在诞生后的 10 年里带来的仅仅是非常短暂的生命延续。英国对健康问题的关注主要集中在食品和药物上。1988 年，英国政府就鸡蛋中沙门氏菌的影响进行了宣传，并着重强调了食品安全和科学建议。20 世纪 80 年代末的研究发现，牛海绵状脑病（BSE，俗称疯牛病）是一种可以通过普遍的喂养过程传播的脊髓退行性疾病，它会导致人患上克罗伊茨费尔特 - 雅各布病（vCJD，简称克雅氏病）。1998 年，英国民众担心麻疹 - 腮腺炎 - 风疹疫苗（MMR）与儿童自闭症有关联，这导致儿童免疫接种大幅减少。在 20 世纪 90 年代末期，公众展开了针对转基因食品的抗议活动，最终导致一些国家立法禁止销售相关产品。2001 年爆发的口蹄疫（主要影响猪和牛的病毒性疾病）导致英国大批牲畜被宰杀。英国人对科学顾问提出的这种"一刀切"的激进的建议表示质疑，尤其是在看到了法国处理这种疾病时的不同做法后。总体来说，在 20 世纪末，此类医学事件越来越多地引起了公众的质疑，不过，不同国家对科学进行的政府监管和工业监管大相径庭。

这些失败的案例是由多种原因造成的：决定继续开展核武器研究的不仅是爱德华·泰勒（Edward Teller，1908—2003）等重要的科学家，还有政客和资助者；沙利度胺的惨剧主要源于临床试验方案不足和对处方医师的监管不力；切尔诺贝利核泄漏凸显了操作人员的疏忽大意，以及经营者对保障措施和撤离步骤的设计存在漏洞；大规模污染则要归咎于科学工业及其背后的经济体系。可能也有批评者认为，**从某种程度上说，20 世纪后期的技术创伤部分是源于人类对进步文化的盲目认可，而没有充分考虑到变革带来的全部影响**。那么，问题就变成了，我们该如何准确地找到造成类似事件的原因，我们（无论是个人还是整个社会）又该如何去规避它们呢？

迈向 21 世纪

本章开头向读者介绍了 19 世纪末 20 世纪初科学的发展状况，而本章末尾则讲述了 20 世纪末的故事。那么，根据过去的科学轨迹，我们能对这 100 年做出怎样的总结呢？历史学家通常会用各种各样的理由来搪塞做预测这件事，因为乐观的科学预测通常都是不太准确的。新发现、新技术和新观点出人意料地颠覆了 20 世纪的科研领域。不过，即便如此，我们也并非两眼一抹黑。现代科学技术史学家揭示了科学活动与经济、政治和文化的紧密关系。这些力量会影响人类的需求，以及为了满足这些需求而制订的计划。而且，正如技术历史学家托马斯·休斯（Thomas Hughes）所主张的那样，它们可以为社会发展提供技术动力，推动科技沿着既定航线前行几十年甚至更久。基于目前的观点以及对这种势头的认识，我们可以简单地勾勒出 21 世纪科学的一些特征。

遗传学领域拥有巨大的潜力。这个大约在一个世纪前才首次被定义的学科，在近几十年里获得了飞速发展。围绕基因工程创建的企业已经成为新型科学企业的典范。扎根于基础科学的遗传技术为未来的研究和应用提供了肥沃的土壤。这一领域已经让培根梦寐以求的"知识的力量"照进了现实，其影响甚至比他期望的还要深远。DNA 分析不仅让进化树（evolutionary tree）变得可以追踪，它还成了执法过程中法医进行现场分析的重要工具。在改变和结合遗传物质这一领域，科研人员的研究更为谨慎，尤其是当项目涉及新物种的时候，比如新型农作物研究（如 1992 年的"佳味"［Flavr-Savr］转基因番茄）和新动物创造（如 1996 年的克隆羊多莉）。实际上，克隆羊多莉是一个更为庞大的项目的一部分，该项目旨在通过"设计"动物来生产对人类有益的蛋白质。人类基因组计划（Human Genome Project）由英国政府和美国私营企业资助，在 2003 年绘制出了一幅完整的基因组图谱。这一研究目前仍在继续，并为进一步的探索提供了丰富的数据。

这些研究在医学、社会和经济方面的潜力受到了广泛赞赏，并在不同的领域展现出了较好的发展势头。基因工程为定义、检测、预防和修复遗传疾病提供了强大的工具，这对医疗保健系统及其资助者来说无疑是非常重要的力量。普通人也可以改变或增强自己或是未来的孩子的某些身体机能。总体来看，这些可能性都具有强大的吸引力，在可预见的未来，人们很难拒绝这一领域的研究成果。

科学与现代文化的深度融合并不仅仅局限于基因工程。早于生物技术问世的信息技术与基础科学、军事和商业目标关系紧密，与社会发展也有着密切的联系。作为第二次世界大战的产物，数字计算机的设计初衷是提升计算速度，从而快速完成弹道估算和密码破译。第二次世界大战后，计算机领域的发展仍然得到了军方的支持。例如，20 世纪 50 年代末，国际商业机器公司（IBM）为美国军方开发了赛其系统（SAGE system），用于实时监视和控制导弹防御系统。计算机的商业应用也是开创性的，比如英国餐饮巨头约瑟夫·里昂食品公司开发的商用计算机 LEO 1。最初，计算机在科学研究中的应用只是一个不起眼的副产品；到了 20 世纪 60 年代末，计算机计算逐渐发展为一种科学方法。比起传统的实验，计算机可以探索更多的可能性。后来，计算机计算也得到了物理学家的支持和认可，逐渐取代了曾经的黄金标准——优雅、简洁的数学推导。因此，计算机对科学的影响微妙而深刻。计算机建模不再是科学研究的一种简单辅助手段，它还可以开阔科学家的视野。计算机建模改变了经验主义（即直接观察和实验）和理论主义之间的不平衡关系，让科研人员找到了有待开垦的新疆土，同时也增加了他们所研究的问题的复杂性。

气象学和研究气候变化的科学也受益于信息技术的进步。第一批气象卫星（如 1960 年美国国家航空航天局发射的"泰罗斯 1 号"〔TIROS 1〕）的诞生改变了 19 世纪从各地气象站收集数据的传统。自 20 世纪 60 年代初开始，跟踪天气系统并做出短期预测（可靠性不会超过几天）的任务便由计算机来完成。精确预测所需的重复计算让计算机在这一领域变得越来越实用，不过，这项任务仍然要依靠当时最快的计算机来完成。只有将计算机作为科学工具，我们才能全面了解全球天气系统。

气候变化是更为复杂的存在。地球的气候取决于一些长期以来受到人们重视的明显因素，比如太阳能加热、云层遮挡以及湿度的调节作用。不过，很多其他的因素也会对气候造成影响。大气、海洋和土壤的化学性质与气候密切相关：光照和温度的变化会释放出不同比例的化学物质，而后者可以通过天气系统实现迁移，并以出人意料的方式与气候交互。我们虽然对生物化学知之甚少，但也知道丰富的生命形式可以使行星化学发生变化。虽然自 19 世纪起人们便开始研究光合作用，但直到近些年，植物和微生物在控制二氧化碳水平方面的重要性才成为紧迫的研究课题。全球气候问题所具有的复杂性意味着这项研究需要依靠计算机模拟：这些模型可以带来通过小规模实验或理论概述无法获得的新观点。

时至今日，我们仍然难以对一些物理、化学或生物特性做出直观的解释。20 世纪 80 年代初，詹姆斯·洛夫洛克（James Lovelock）提出了"盖亚假说"（Gaia hypothesis），其对行星尺度的相互作用研究产生了重大影响。他提出的第一个极具说服力、能由简单的计算机模拟完成的思想实验，被他命名为"雏菊世界"（Daisyworld）。如今，我们仍然能在很多网站上访问这一实验。"雏菊世界"模拟了一个简单的星球，这个星球上只生长着深色和浅色两个品种的假想植物。该模型展示了植物种群可以改变行星温度，从而让行星温度更有利于植物自身的繁殖。虽然程序和展示都十分简单，但是模拟得出的结果和很多人的直觉相悖。从形而上学的维度来看，这个模型似乎暗示着简单的生命形式，甚至这个星球本身在某种意义上是有知觉的，或者通过它们的相互作用，揭示了一个隐藏的目的或计划（即目的论）。

目的论
Teleology | 一种哲学学说，通过目的或原因设计，来对自然世界做出解释。

洛夫洛克本人对这种解释不屑一顾，并强调自己所采用的只是简单的数学方法，并不涉及遵循自然法则的反馈过程。后续出现的更完善的模型能够更好地展示已知的物理、化学、生物和气象之间的关系，并证实了洛夫洛克的研究结果的本质，还揭示了更微妙的相互依存关系。气候变化研究不仅是科学演绎的重要案例，也让人们意识到了全新的复杂性科学的必要性。

　　这些领域的例子表明，21世纪的科学在发展速度、学科领域和方法论上可能与过去的科学有所不同。粗略来看，这也符合过往的历史，每个世纪的科学都有这种特点。实际上，认为21世纪的科研会遵循20世纪的发展老路的想法既稚嫩又天真。所有这些都预示着科学领域的不断扩展，也意味着还有广阔的新领域和无数新的解释留待未来的科学史学家去探索。

HISTORY OF
SCIENCE

6

我们如何走到今天

为什么有些学科一直以来都遭到科学史学家的忽视？
科学界眼中的女性形象是什么样的？
科学的传播为什么是"自下而上"的？

在这一章中，我们将一改前文的顺叙模式，换种方式重新审视和讨论我们的思考方向。这将开启更深层次的讨论，挑战我们采用过的方法以及对应的假设。本章旨在突出历史记录的现状，即记录者（有意识或无意识地）选择那些（公众）最感兴趣或最关注的主题。在本章中，我们不会去评判历史学家探讨的主题，毕竟，兴趣这种东西见仁见智、变幻莫测，正因如此，历史写作大多也风格各异。不过，我们有必要解释为什么有些学科一直以来都遭到科学史学家的忽视，这种忽视又为我们讲述了这一领域或者文化之中所潜藏的哪些故事。

行文至此，我才来探讨这一问题，也算是事出有因。在第 5 章中，我们讨论了 20 世纪的科学史。20 世纪末，越来越多的历史学家和其他学者开始重新审视科学史的研究方法。这种质疑对学者造成的影响之深，直接导致科学史这一学科发生了改变，对于这一主题，我们将在最后一章中进行更细致的探讨。

两种性别的故事

本书对女性群体和女性科研人员的讨论相对较少。人们对这种遗漏的解释（甚至是辩护）仍然存在争议，而且在不同时间和不同地点能够挖掘出来的原因也各不相同。我会重述那些不断变化的观点，并从以下三方面来讨论它们在科学中对性别关系的影响：科学界眼中的女性，作为科学实践者的女性，以及（在下一章中将要讨论的）女性眼中的科学。

女性的事迹只是没有被记录在这些历史故事之中吗？这种解释似乎暗示了一种阴谋论，不过也有着相当大的价值。我们虽然无法恢复那些被历史忽视或遗忘的故事，但至少可以评价那些给世界带来深远影响的女性自然哲学家和科学家。这些人中包括天文学家卡罗琳·赫歇尔（Caroline Herschel，1750—1848），以及为第一台机械计算机设计程序的埃达·洛芙莱斯（Ada Lovelace，1815—1852）。20 世纪迎来了职业科学时期，我们的任务也就变得简单了一些，我们会看到物理学家、镭的发现者、最负盛名的女科学家玛丽·居里，她的名字几乎家喻户晓；奥地利原子物理学家莉泽·迈特纳（Lise Meitner，1878—1968）；以及使用 X 射线测定并发现了 DNA 结构的罗莎琳德·富兰克林（Rosalind Franklin，1920—1958）。

然而，即便是这些有着非凡成就的女性，也遭遇了不公平对待。人们提到卡罗琳·赫歇尔的时候，往往是因为她那位更有名气的哥哥威廉·赫歇尔（William Herschel）。卡罗琳曾与威廉合作进行数学天文学的研究，并在威廉去世后继续编制星表（star catalogue）。在历史记录中，洛芙莱斯的名字总会伴随着查尔斯·巴贝奇，以及他发明的可编程计算机"差分机"。居里夫人虽然备受大众媒体的追捧，但有时她仍难以在科学界得到足够的重视。作为法国历史上第一位获得博士学位、世界历史上唯一一位两次斩获诺贝尔奖的女性，她却被成员全部为男性的法兰西学术院（Académie Française）拒之门外。她虽然成为索邦大学（Sorbonne University）历史上第一位女教授，可即便是这个职位，也只是填补了她英年早逝的丈夫皮埃尔留下的空位。直到 1995 年，她的遗体才被移至巴黎先贤祠（Panthéon），与丈夫安息一处。原子物理学家迈特纳曾与她的侄子、物理学家奥托·弗里施（Otto Frisch）共事，并推断出核裂变的存在，可她的成就同样遭到学术界的忽视。1944 年，凭借在实验工作中取得的成就，她的同事、德国物理学家奥托·哈恩（Otto Hahn）荣获了诺贝尔奖，她却与此殊荣擦肩。迈特纳的遭遇在一定程度上是因为她的犹太血统，不过性别也是她的绊脚石。1922 年，在她的一次关于宇宙物理学的讲座之后，一家德国媒体居然戏谑地称之为"化妆品物理学"（cosmetic physics）。与迈特纳一样，富兰克林在 DNA 领域做出的开创性工作也未能让她赢得诺贝尔奖的青睐，最终奖项颁给了三位男性研究者——弗朗西斯·克里克（Francis Crick）、詹姆斯·沃森（James Watson）和莫里斯·威尔金斯（Maurice Wilkins）。

这些女科学家在社会中或供职的机构中都处于从属地位。虽然她们每个人都取得了自己的成就，但几乎无一例外地被视为协助或推动了男同事的工作。出于种种原因，科学界对她们的工作的认可程度似乎总是低于她们的男同事。历史学家隆达·席宾格（Londa Schiebinger）曾指出，男科学家那些并不突出的女同行扮演的角色只是"隐形助手"。

女性在科学领域的"隐形"，在一定程度上是因为她们的成绩不被承认或未受重视。然而，这种文化效应不仅仅局限于期刊编辑、奖项委员会和历史学家的偏见。长期以来，在很多流行文化中，人们都把科学当作展示男子气概的一面镜子。弗朗西斯·培根完成于16世纪的著作产生了深远的影响，这也使得在接下来的一个世纪里，人们一提到科学就会想到参与其中的男性，以及科学革命的目标。在培根看来，科学在本质上就是性别化的，是男性的专属领域。正如第2章所述，培根认为科学不是一种平静的哲学活动，而是对自然世界的探索和征服（在传统的修辞中，自然又被描绘成女性）。如果再往前追溯，我们还可以看到古希腊人的性别偏见：亚里士多德认为，男性的灵魂是热情又活跃的，女性的灵魂则是阴冷而迟钝的；在古希腊，人们普遍认为女性是不完美的人。科学家的使命是揭示大自然的秘密，让大自然屈从于人类的意志。这种男性化的思想活动在那个时代被认为是男性的特质。文化将文雅的淑女定义为被动的接受者，而不是主动的发起者。

不过，这种性别上的差别对待不仅仅针对女性。培根不仅用比喻修辞来重振科学，还将当代科学与过去的科学区分开来：他将亚里士多德的成果视作女性，被动而软弱；而他提出的新科学则充满了权力关系和男性力量。

一个世纪后的 1664 年，罗伯特·胡克①的著作《关于颜色的实验和思考》（*Experiments and Considerations Touching Colours*）出版，在该书的序言中，英国皇家学会秘书亨利·奥尔登堡（Henry Oldenburg）指出，这本书的目标是"建立一种男性哲学……如此，人类的思想才可以因坚实的真理和知识而变得高尚"。这样看来，到了这一时期，两种性别还是会被区别对待。与奥尔登堡同时代的英国人总是强调科学是活跃且多产的，并认为这不同于欧洲大陆那种更"女性化"的艺术。

在 1884 年上映的《艾达公主》中，维多利亚时期的这种男女不平等的观点体现得淋漓尽致。这部喜歌剧由威廉·吉尔伯特和亚瑟·沙利文编导，其前提是"女子大学荒谬可笑"这一想法。前文介绍达尔文主义的时候，我们已经讨论过这部喜歌剧。1848 年，阿尔弗雷德·丁尼生（Alfred Lord Tennyson）在女王学院（Queen's College）这所女子学校开学时写了一首讽刺诗，这部喜歌剧就是由此改编而来。（直到 1869 年，第一所女子学院——格顿学院才在剑桥

---

① 此处疑为作者笔误，《关于颜色的实验和思考》的作者为罗伯特·波义耳。——编者注

大学成立。）其中一段唱词列举了一系列这所学院可能会出现的莫名其妙的课题，包括"从黄瓜中获得阳光"（套用了讽刺文学大师乔纳森·斯威夫特笔下的拉普达岛）和"寻找永恒的运动"（当时已被科学家证明是毫无意义的目标）等。这首诗中的一节强调了这一主题：

> 这些都是她们想要的现象啊，
> 是那漂亮的女士，
> 想让我们在她的大学里看到的！

简而言之，在当时的人看来，参与科学研究的女性不仅无法识别出有意义的问题和解决方案，甚至还试图左右她们的男性同行。这些看法无不流露出一种憎恶之感！

这些观点的背后是关于男性和女性先天能力的争论。培根和奥尔登堡曾指出，在追求科学的过程中，女性通常被认为容易感情用事。后来，医学家也对女性的思维能力提出质疑，认为月经、分娩和抚养孩子等生理需求会长期限制她们的智力和规划能力。更糟糕的是，有学者认为这种先天的弱点会导致女性更容易患上歇斯底里症（Hysteria，即癔症）等疾病。这在希腊的文献中也有所提及：希腊医学将歇斯底里症解释为一种无法控制的疾病，并认为它是由子宫在体内的运动造成的（"hyster"这个词根也有子宫的意思）。虽然经过维多利亚时期的科学解释，医师已经排除了这种生理原因，但是他们仍然认为这种疾病只会影响女性。著名心理学家西格蒙德·弗洛伊德（Sigmund Freud，1856—1939）重新探讨了引发歇斯底里症的原因，认为这是一种由心理创伤引起的女性疾病。"歇斯底里"（hysterical）这个词的贬义层面的意义被用于女性，这有点类似于"易怒的"（testerical）这个词与男性相关（"testicle"意为睾丸）。后来，医学研究者从生理和心理两方面做出了解释。他们认为，由于第一次世界大战期间女性解放和女性参加劳动带来的社会压力，歇斯底里症的患病率有所上升。直到20世纪中叶，这种"女性疾病"才从标准精神病学类别中消失了。

本质主义
Essentialism | 认为某些特征或行为是固定不变的。

这些对女性能力的判断大都得到了主流科学观点的支持。这也从一定程度上解释了为什么鲜有女性对科学做出贡献。科学界的性别歧视根深蒂固、萦绕不去，直到近期才有所改变。过去，很多科学学会和工程学会都存在重男轻女的问题。英国化学工程师协会（Institution of Chemical Engineers）成立于20世纪20年代，在第二次世界大战后化学工业迅速崛起时，该协会预感到了会员的短缺。不同于其他保守的技术职业组织，英国化学工程师协会开始招募女性成员。相比于其他类似的组织，该协会的女性成员比例非常高。不过直到20世纪80年代，这仍是一个微小的变化，该协会的大多数女性会员的等级仍然较低。按照目前的发展速度，到21世纪中叶，其女性会员才将达到半数，而这距离现在还有一两代人之久（如图6-1）。

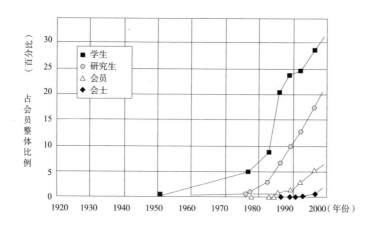

图 6-1　1922—2000 年英国化学工程师协会的女性会员占比
（作者供图）

　　女性逐渐进入技术劳动力队伍具有社会和文化渊源，这对 19 世纪的男性科学家来说并不陌生。1958 年，英国化学工程师协会调查了雇主对女性工程师的认同程度，结果显示，半数公司表示不会雇用女性。而余下的那些公司希望女性工程师参与销售和研究，并认为女性在性格和管理能力方面存在缺陷，女性结婚后有可能离职，在职业规划方面女性也更优柔寡断。值得一提的是，英国化学工程师协会记录了女性会员的婚姻状况，但并没有要求男性会员提供同样的信息。该协会甚至认为，考虑到女性在化学行业的效用较低，大学应该尽量少招收女生。

　　这些被记录下来的文化态度是解释科学中的性别差异的关键，

而历史学家则需要更进一步。比如，历史学家可以问，无性别差异的科学，甚至是由女性主导的科学会是怎样一番景象？

自下而上的发展

社会地位在创造科学的过程中的重要性是另一个值得讨论的主题。在我们收集到的资料中，很多有影响力的科学从业者都是来自特权阶层的精英。我们耳熟能详的一些科学巨匠（如伽利略、牛顿和达尔文）要么出身名门，要么来自富裕或地位显赫的家庭。他们所取得的成就似乎暗示了一种"自上而下"的理解，即有闲、有钱、有权的高贵阶层能够利用思想和智慧来扩展科学知识。

与此同时，我们也会关注"自下而上"发展出的科学：工人阶级从业者通过手工实验技能和创新发明来扩展知识。例如，英国皇家学会资助的很多实验之所以成为可能，离不开仪器制造商的科技创新和技术能力；约瑟夫·布莱克与詹姆斯·瓦特紧密合作，推动了热动力学和高效蒸汽机的发展。不过，这里提到的大多数工匠都通过经济阶层的转变获得了更高的社会知名度。19世纪的著名电气实验师迈克尔·法拉第最初只是书本装订商的学徒，后来凭借自己的努力，成为知名科学家和政府顾问；作为富有的工业家之子，詹姆斯·焦耳将他的职业技能应用于实验科学；瓦特则从仪器匠人变成了企业大亨。虽然本书的篇幅有限，但是我们仍然不能忽视这两个相互竞争的阶级对科学知识的影响以及将"象牙塔"科学与简单又有经济效率的技术创新割裂开来的现象。历史学家一直在努力研究来自不同阶级的多元贡献。

不过，与女性从业者遭到的不公平对待一样，工人阶级也很难在业界获得良好的声誉。工匠或手艺人是另一类"隐形助手"，他们制造的产品很难世代流传。流行的发明和实用的技能转瞬就会被匿名、被共享，科学实验结果和概念框架却往往会妥善地标记出处。通过实践（而非出版物）传播的工艺技能，依靠的是社会地位较低且不受重视的工人。

行文至此，我们应该再次扪心自问：由于偏好地位高的个人及其带来的文化成果，我们写下的科学史会存在多么严重的缺陷？正如第 7 章将讲述的那样，历史学家已经意识到，为了弥补这些偏见造成的不平衡，他们还有很多工作需要"加班"完成。

你该如何讲述故事

从国家和性别层面讨论科学史，让我们找到了从更多的维度来展开这一学科的方法。我们能否仅仅通过审视思想史，就对女性参与度的变化做出解释？现今的大多数历史学家会回答：也许不能。男性视角是否塑造了科学的发展方向、成就和评估方法？在某种程度上，这几乎是可以肯定的。这种分析能否为文化研究、教育课程和科学政策提供有价值的见解？我本人对此是认同的。

从本书介绍过的案例来看，科学史很明显具有激励学者、捍卫真理和揭示真相的作用。关于如何编写历史的研究（即史学）对科学史来说具有特殊的价值。这也是一般历史研究中的关键主题，并且与媒体研究的主题密切相关，尤其是关于如何构建、传递信息以适应目标和受众。史学对思想和文化的影响可以通过一些例子来加以说明。

| **历史编纂学**
Historiography | 研究如何书写历史、雕琢写作技巧的学科。 |

历史研究中有一种令人嗤之以鼻的写作方法（我们至今仍然能在科学史上看到它的踪迹），即对具有较大影响力的人物采用完全正面的描写。这种风格被称为"圣者之书"（hagiography），主要出现在中世纪时期的圣徒传记中。某些科学传记几乎就像是在讲述一个具有神圣品质的圣人的故事。这种写作方法存在诸多缺陷。这些故事通常不会对历史事实的确定性进行判断或加以评判。它们在强调思想成就的同时，忽视甚至完全忽略了复杂的社会因素。这些传记采用了恭敬甚至虔诚的口吻。此类作品大多会将人物的科学事业描述为一条线性的进步之路，偶尔出现的外部障碍也会被克服。有些故事甚至包含了类似于命中注定或是隐藏的目标，这是一种典型

的目的论表达。简而言之，这种写法简化了复杂的生活故事，希望
以此塑造出成功人士，甚至是道德榜样。

不过，现在已经很难找到类似的例子了，因为这种历史编纂
风格在几代人之前就已经过时了。我们能找到的案例寥寥无几，
其中包括 1935 年上映的传记电影《万世流芳》（*The Story of Louis
Pasteur*，记录了法国科学家路易·巴斯德的故事），以及 1943 年
公映的《居里夫人》（*Marie Curie*）。在科学更为抽象的层面，这种
令读者心生钦佩的"圣者之书"的写作手法也有用武之地。电影
《埃尔利希博士的魔弹》（*Dr. Erlich's Magic Bullet*）于 1940 年上映，
讲述了保罗·埃尔利希（Paul Erlich，1854—1915）发现能够用于
治疗梅毒的砷凡纳明的科学往事。这部电影为埃尔利希戴上了神圣
的光环，直白地表现了对这种近乎神奇的疗法以及科学方法本身的
敬畏之情，同时强烈地暗示着科学是一种德行。

不过，这种理想化传记的写作方法给科学普及带来的并不只
是负面作用。将科学家视作为了追求更远大的目标而超越或放弃
个人追求的人，这种描述是可以为人们所接受的。这是因为科学
史被局限在思想史的框架之内，根据这一点，足够纯洁或不轻易
妥协的人一般能够发现新的客观知识。有时，这种写作方法的目
的很寻常，比如确保那些被同事低估的科学家在死后能获得本应
属于他们的声誉。刘易斯·坎贝尔（Lewis Campbell）完成于 1882
年的《詹姆斯·克拉克·麦克斯韦的一生》（*The Life of James*

Clerk Maxwell ）一书就是一个典型的代表。当理想化的科学传记跳出虔诚模式时，它常常会以生动的逸事铺展开来，进而展示科学之外的个人生活，人物形象也因此更丰满。在这部传记中，坎贝尔讨论了麦克斯韦的幽默风趣、他未发表的诗歌，以及他对妻子的爱。《威廉·汤姆逊的一生：拉格斯的开尔文勋爵》(The Life of William Thomson：Baron Kelvin of Largs ）于 1910 年出版，书中提到了开尔文勋爵对家庭的热爱、对音乐的兴趣，以及他个人的宗教信仰（这本书出版于达尔文进化论公布之后，宗教信仰在当时是非常重要的话题）。

不可否认的是，理想化的圣者形象也会带来一些负面影响：一个超凡脱俗、客观而纯粹的科学家看起来可能会缺少人情味，甚至给人一种遗世独立的感觉。在 20 世纪，这两个方面逐渐交叉、融合。因此，科学家可以代表或被理解为既强大又遥远的人物。毕竟，天使和魔鬼是同源的。

自 20 世纪 60 年代起，随着科学的评估标准越发严格，这样的科学传记就变得不合时宜了。大约过了一代人的时间，科学传记从批判研究中挽回了声誉，其中的典型代表包括斯蒂尔曼·德雷克（Stillman Drake ）于 1980 年撰写的《伽利略》(Galileo ），以及阿德里安·德斯蒙德（Adrian Desmond ）和詹姆斯·穆尔（James Moore ）于 1992 年合著的《达尔文》(Darwin ）。这些传记讲述了人物的生活、工作和学术思想，而非简单地区分内在因素和外在因素（详见下文）。近期出版的大量科普传记采用了揭露式的写作手法，推翻了人们对科学家的根深蒂固的认识。在 20 世纪中叶，理想化传记在科学生活故事中占据着主导地位，而科普传记相当于历史学家对其的延迟反应。如今，科学传记的影响因素很多元，从以下这些针对普通读者的书名中我们就能略窥一二：米兰·波波维奇（Milan Popovic）的《在阿尔伯特的阴影之下——爱因斯坦第一任妻子米列娃·玛丽克的生平和信件》（In Albert's Shadow: The Life and Letters of Mileva Maric, Einstein's First Wife），诺曼·麦克雷（Norman Macrae）所著的《天才的拓荒者：冯·诺伊曼传》（John Von Neumann: The Scientific Genius Who Pioneered the Modern Computer, Game Theory, Nuclear Deterrence, and Much More），亚伯拉罕·派斯（Abraham Pais）撰写的《尼尔斯·玻尔的时代：物理学、哲学和政治学》（Neils Bohr's Times: In Physics, Philosophy and Polity），以及由格哈德·赫茨伯格的同事鲍里斯·斯托伊切夫（Boris Stoicheff）所著的《格哈德·赫茨伯格：一位杰出的科学家》（Gerhard Herzberg: An Illustrious Life in Science）。

深入挖掘错误

性别问题和个人传记是科学史学家的雷区。当然，这些例子也意味着史学领域还有一些同样需要谨慎对待的地方。科学史可以有意无意地引导隐藏的或人们潜意识里的观点，它甚至有可能支持公开宣传某些观点。

不过，这并不是一个激进的新观点，早在 20 世纪 30 年代初，历史学家赫伯特·巴特菲尔德就率先提出了这种观点。巴特菲尔德首创了"辉格史"（Whig history）一词，并对其进行了描述。他主要批评的是当时流行的历史写作风格，指责作者会有意或无意地支持"胜利的一方"。

辉格主义
Whiggism | 一种带有偏见的历史写作方法，它根据当今的标准和观点来解释历史事件。这会将人们对历史的关注限制在那些对当今科学仍有贡献的事件上。

巴特菲尔德主要抨击的对象几乎都是撰写于 19 世纪的英国史。当时，英国已经是一个强盛的帝国。英国史可以将此视为自然积累的结果，其原因可以归结为以下几点：政治改良（如辉格党的成功）、更为开明的伦理道德，以及思想的进步和技术应用的发展。在巴特菲尔德看来，这在某种程度上只是对事实的选择性解释造成的海市蜃楼。这样的历史书写也有可能存在自私和偏见，因为它们总是要去努力地支持当下的现状。在文学领域，这种思想有着更为悠久的历史。伏尔泰创作于 1759 年的小说《老实人》（Candide）的主题就是如此，这篇讽刺小说的主人公总是无意识地试图对事件做出解释，以证明自己生活在"可能是最好的"世界之中。这也是鲁德亚德·吉卜林（Rudyard Kipling）的短篇小说集《原来如此的故事》（*Just So Stories*）的前提，吉卜林让主人公悄悄去追踪动物特征的未知起源。哲学家批判了这种方法，认为它是目的论的，暗示了事物本身的样子是由某种目的造成的。

那么，我们该如何甄别辉格史呢？巴特菲尔德认为，把当下吹捧为人类历史上最高和最完美的阶段的论调起码是可疑的。其他人则认为这种对历史的解释更有说服力，因为如果历史学家采用的观点认为当时的社会与其他时期并无二致，那么这种观点同样是不完美的。

这种当下主义的观点让我们以一种类似雪球效应的方式接受了一系列结论。

- 首先，它强调我们生活在一个美好的时代，重要的事情从未如此成功过。（至于何谓"重要的事情"，不同的观察者可能有不同的定义。）

- 其次，它表明，如果过去在某些方面的表现较差，那么未来这些方面就可能会变好。

- 最后，它或许还暗示着，我们可以识别出那些使得"重要的事情"得到改善的因素，并利用它们来设计更美好的未来。

一些读者可能会问，科学不就是这样吗？如今的科学知识难道不是迄今为止最好的吗？难道我们确定了最佳方法并继续遵循，还有可能不会取得进展吗？

| 当下主义
Presentism | 用今时今日的观点和想法来分析过去发生的事件。 |

在某种程度上，大多数人都会通过这样的假设来看待科学的各个方面。哲学家认为，我们已经改进了科学方法论，并且未来会更加重视那些实用的方法。历史学家可以绘制出许多与科学知识相关的变量图，随着时间的推移，所有变量似乎都在增大。然而，20世纪末的历史学家却认为，这些特征并不像人们曾经认为的那样明确和普遍，而且在某种程度上可能是虚幻的。

19世纪初，威廉·休厄尔可以大声疾呼，人类"自诞生之日起就一直在追求真理"。与休厄尔同时代的奥古斯特·孔德也提出过这类假设，我们在第4章介绍过他。孔德提出了实证主义的概念，而实证主义认为文明一直在进步，并列出了确保进步的方法论。在孔德看来，人类历史就是一部记录进步的编年史，这种进步具有多种形式，例如，它推动着宗教走过了3个阶段，即从万物有灵论到多神论，再到一神论。孔德认为，宗教思想本身会随着理性解释的发展而枯萎。这些理性的思维模式（科学）均不断地向前发展。天文学和数学这两门最古老的科学是最具量化性的，也是最客观的。化学等较年轻的科学虽然走在了正道上，但是还不够数学化。像社会学这样的年轻的"准科学"（"would-be science"，这个名词由孔德创造）也可以追随"前辈"的脚步。简而言之，进步是人类社会所固有的。孔德声称，人类所掌握的知识会随着时间的推移而不断累积。这显然是对人类的一种分层次的、以欧洲为中心的理解，并支持历史的辉格解释。

对几代历史学家来说，这些结论似乎也是推动 20 世纪社会进步的基础。科学活动变得越来越有组织，与科学相关的很多事物也都得到了发展，这主要体现在科学期刊的数量、发表论文量以及科学家数量的增长上。人们发现了更多新的现象，并且持续地对它们做出解释。一些技术带来的贡献更是无法估量，比如电机、电子和计算机的蓬勃发展。然而，近期历史学家却指出，这是一种目光短浅的"原教旨主义"观点。它将注意力集中在科学界几个特别活跃的子领域（如核物理）上，而忽略了其他进步不那么明显的领域（如光度学）。它突出了某些形式的技术变革（如汽车运输的普及、计算机硬盘容量的增加），却忽略了其他问题（如气候变化、核废料处理）。它通常会对大多数社会因素视而不见，并且认为知识总是会带来纯粹的、积极的社会影响。

历史学家乔治·萨顿（George Sarton，1884—1956）的观点代表了他那一代人的心声。在他看来，科学是唯一一种不断累积和进步的人类活动。1935 年，在萨顿作为哈佛大学第一位科学史学家的就职演讲中，他指出，科学史是"唯一可以展现人类进步的历史"。即使是像亚历山大·柯瓦雷（Alexandre Koyré，1892—1964）这样反对实证主义的人也认为，假若不是实验事实，那么一定也是理论思想的自由进步推动了科学发展。不过，另一些人持有不同的意见。苏联物理学家鲍里斯·黑森（Boris Hessen）就是其中之一，作为科学史门外汉的他却为这一学科带来了一阵新风。1931 年，他在论文《牛顿原理的社会经济根源》（*The Socio-Economic Roots of Newton's Principia*）中指出，科学史应该将社会背景和经济环境纳入研究范围（这篇文章发表 5 年之后，黑森因叛国罪被处决）。

柯瓦雷避开了科学发展过程中的文化因素和社会因素。20 世纪 60 年代，人们开始坚定地反对一个世纪以来关于科学定能带来进步的信念。在柯瓦雷去世前两年，托马斯·库恩的著作《科学革命的结构》挑战了这种理想主义的形式。正如第 3 章所述，库恩认为科学知识的发展并不是一个连续统一体，而是一系列深刻的转变，这些转变源自令人失望的实验结果和范例或理论框架之间的对抗。更具颠覆性的是，库恩的著作暗示着，这种感性的转变往往取决于微妙的社会因素，比如主要竞争对手的地位和机构隶属关系。后来，哲学家对这些因素进行了梳理，并且加以研究。值得注意的是，库恩的著作虽然对这一领域产生了巨大的影响，但是并未明确地讨论这些社会因素。

更多的案例研究进一步结合了当时的社会背景和经济背景，来探索科学发展的历程。研究者指出，由于一些思想概念的明显优势，科学的发展方向有时会发生转变。社会因素能够而且确实会对科学史产生影响。一系列审慎的研究表明，社会因素造成的影响可以归结为两大方面，即内部影响和外部影响。

科学的内部历史是人们在一个多世纪的时间里一直努力探索的领域。人们能够通过追踪科学发现和科学理论，建立起合理的发展年表。哲学家发现，这些信息对于理解不断发展的科学方法论至关重要。而在科学史领域，专家们也能很容易地追寻内部历史。然而，正如我们所讨论过的，这有时也会使人们陷入当下主义和实证主义，并产生历史偏见。它甚至有可能导致一种备受争议的变种——"胜利主义"（triumphalist）的历史，这种偏见可能会为了支持政府政策而推动或宣传当前的科学研究。

像科学社会学家罗伯特·金·默顿（Robert King Merton）这样的圈外人，则更多地采用了外部科学史这种较新的形式。从某些角度来看，默顿比库恩更离经叛道。作为物理学家，库恩成长于一个与科学的哲学正统性相一致的环境，但是，他后来的研究又对正统发起了挑战。相比之下，默顿关注的是库恩没有涉足的社会学层面。默顿认为，只有在特殊的社会条件下，科学知识才能不断发展。这些条件包括信息共享（他称之为"准则"）、避免对科学主张的个人依附（无利害关系），以及对科学声明的严格审查（怀疑主义），而不是把注意力集中在个人身上（"普遍主义"）。根据默顿的理解，在那些无法产生和支持这些社会条件的环境里，科学可能会被改变或破坏。不过，只要具备合适的条件，我们就可以通过对其方法的内在检验来理解科学知识。其后的历史学家和科学社会学家则更进一步，重点关注一些给科学史带来影响的特定的社会因素和文化因素，并试图绕开思想发展的细节。在实践科学家看来，"内部因素"对于理解结果至关重要，因此，这种"外部"方法在诞生之初就遭到了他们的批评，即便如此，它（至少作为一种近似的方法）仍然极大地扩展了人们对科学运作方式的理解。

后来，历史学家试图通过更深入的探索来协调科学的内部描述和外部描述。诸如本书这样的综述读物很难抵抗"宏大叙事"的诱惑，因此在解释大规模事件时就会很笼统，而且不可避免地带有些许隐藏的偏见。学术调查文章虽然都经过了学者的细心挑选，并且以书面形式呈现，但仍然有些过时了。相比之下，学术研究越来越集中在更深入也更狭窄的领域，就像大多数发展中的学科一样。所谓的"微观研究"试图挖掘出某些历史事件的全部背景，虽然这可以带来令人满意的解释，却给非专业人士造成了理解障碍——只见树木不见森林。虽然细致地去研究那些可以验证的细节是历史学者的目标，但是许多历史学家并不满足于此，他们还渴望改变自己所在的领域。本书虽然只是相对笼统地介绍了事实和解释，但我认为，这对科学史研究来说是十分必要的。

所有这些专业方面的争论可能听起来既抽象又令人沮丧。科学的发展和进步既让参与其中的人感到振奋，同时也推动了相关出版物的面世。对这一目标发起挑战（如果不是稳定的成就）看起来似乎有些冒失，甚至还有可能是出于某些阴暗的动机。然而，我们不应将批判性史学视为一种对理想的扰乱，或是对进步的威胁，相反，它可以剥离掉对历史事件的粗浅解释，并揭示出一些更微妙也更有深度的内容。此外，它还可以突出人类思想活动的多元和高产，并进一步拓展科学的分支。借助历史学，我们能够更深入地探究并理解科学是如何发展成今天这样的。

科学、历史和文化：进化中的观点

这一节的标题其实也可以改成"科学史的现在和未来"。正如前一章所提到的，历史学家正"由内而外"地重新审视科学史。不过，并不是只有历史学家在重新审视这一学科，哲学家、社会学家和普罗大众亦是如此。人们对科学史的不同观点，共同改变了它的目标、方法和受众。因此，本节旨在探索科学发展的幕后故事，以此来说明学者如何从科学史中汲取营养和力量。

关于科学如何运转的争论

自 19 世纪初起，科学史逐渐变得与哲学密切相关。包括历史学家西蒙·谢弗（Simon Schaffer）

在内的很多学者认为，科学史的内容是从模范实践者的传记发展而来的。不过，这两种联系都只是"看似有理"。在中世纪，科学知识被定义为自然哲学的一部分，这可以追溯到亚里士多德以及其他科学名人提供的权威解释。更为狭隘的术语"物理学"直接摒弃了与哲学的联系，自然哲学虽然在 19 世纪末被逐渐取代，但并没有被全然抛弃。苏格兰的大学大多保留了"自然哲学"的称谓，直到 1986 年，格拉斯哥大学才把自然哲学系重组为物理学系和天文系。

威廉·休厄尔阐述了如何以科学史为原始材料，来构建对知识普遍性的哲学理解。他对科学知识的分支进行了分类，进而追溯它们的历史，并创造了一系列新的术语来描述它们，这些术语包括"物理学家""阳极"（anode）和"均变论"。1837 年，休厄尔发表了《归纳科学史》，紧接着又在 1840 年发表了《归纳科学史的哲学，从古至今》（*The Philosophy of the Inductive Sciences, Founded Upon Their History*）。他在这两部著作中都提到，科学知识的不断发展离不开归纳法，即从具体事例中归纳出概念和规律。

我们在第 4 章中提到，奥古斯特·孔德是休厄尔的法国同侪（也是他的反对者），他也曾通过历史调查对科学进行了分类。与休厄尔不同，孔德提倡通过一种只依赖于可观察事实的严格方法来推动知识的进步。"积极的"知识只能扩展到可以直接被感受到的范畴（经验证据）。而且，正如歌手平·克劳斯贝（Bing Crosby）

所说，除了强调积极因素，消除负面影响同样很重要。孔德认为，将隐藏的或抽象的实体理论化是毫无意义的。

颇具讽刺意味的是，虽然科学史和科学哲学紧密地联系在一起，但是在 20 世纪初，科学家却远离了这两个领域。现在，科学家变得越来越专业化，并且有着明确的目标，但他们通常不会再就自己的研究工作开展哲学论证。最后两位有影响力的科学家－哲学家也许当属恩斯特·马赫（Ernst Mach，1838—1916）和皮埃尔·迪昂。马赫是一个坚定的实证主义者，他认为科学定律只不过是收集实验结果的捷径。他在 1882 年发表的著作《物理调查的经济性质》（*The Economical Nature of Physical Inquiry*）中指出，科学定律应仅限于对事实的概述，并建议只采用那些有证据支持的科学主张。基于这种观点，他在 19 世纪末 20 世纪初拒绝了原子假说，他给出的理由是无法对原子进行直接观察，而间接证据是"效率低下的"。

法国物理学家、哲学家迪昂则致力于研究科学理论的构建。他提出了所谓的蒯因－迪昂论点（Quine-Duhem thesis），或称（观察对于理论的）亚决定性问题（Problem of under-determination），即每一种数据集都能够用很多不同的理论来解释。因此，在所有实验中，结果都无法提供足够的证据来推翻某一理论。关于这一点，我们在讨论迈克尔逊－莫雷实验时有所提及。这个令人不安的结论也引出了一个问题，直到半个世纪后，历史学家和科学社会学家仍在审视这个问题，即经验证据如何与理论产生联系，以及（从根本上讲）我们应该对科学实在论抱有多大的信心，是否有可能发现事物的本质？

哲学家也受到了诸如相对论和量子力学等新兴科学理论的刺激（和干扰）。其结果之一是颇具影响力的"逻辑实证主义运动"（Logical positivist movement），该运动于 20 世纪 20 年代兴起于维也纳，并在 60 年代主导了美国的科学哲学。受孔德实证主义的启发，该运动的参与者质疑了那些不断涌现且仅能通过间接推断得出的概念，例如，我们如何知道"电子"和"能级"（energy level）确实存在？他们主张采用一种更合乎逻辑的科学方法，并认为可以通过历史事件来说明科学在过去是如何成功运作的。

当科学家自己远离哲学时，科学史反而与哲学建立了密切的联系。20 世纪早期的科学史学家强调概念的演变和事实知识的积累，也即思想史及其哲学意义。在剑桥大学等知名学府中，"科学史与科学哲学"（History and Philosophy of Science，HPS）确定了其基础学科的地位。这一学科之所以获得成功，部分原因在于其在自然科学学院中占据着重要的位置。在其他学术机构中，科学史与哲学的关系也十分紧密，例如，20 世纪 50 年代中期，利兹大学（University of Leeds）在哲学系里设立了科学史分支。

然而，更常见的情况是，哲学系研究的是科学哲学，与科学史并没有明确的联系。这一领域的著名学者都有自己的理论和拥趸，其中包括伦敦经济学院的卡尔·波普尔（Karl Popper，1902—1994）和加州大学伯克利分校的托马斯·库恩。两人都反对实证主义哲学（这种哲学正成为解释科学如何运作的正统学说），但反对的理由各不相同。波普尔强调了对科学方法的分析。更重要的是，他展示了科学理论永远无法得到充分证明，充其量只能在某些条件的限定之下，通过越来越多的证据来证实一些结论。从本质上讲，这是对归纳法的批判。他还提出了"证伪主义"（Falsificationism）的概念，以此来解释知识的进步。他认为，事实一般无法被证实是正确的，但能够被证明是错误的。例如，我们无法证明"所有天鹅都是白色的"这一说法是正确的，除非我们能检查每一只天鹅，但是，仅需找到一只黑天鹅，就可以证明这种说法是错误的。抛开天鹅这个简单的例子，我们会看到这种不平衡也影响了许多现代的科学主张：只需要找到一个例子，我们就可以证明不明飞行物（UFO）或鬼魂的存在，但我们永远无法反驳它们的存在；或许我们至今无法找到它们，是因为我们一直在错误的地方或错误的时间寻找！波普尔认为，我们可以通过验证那些可证伪的假设来推动科学的进步。余下的尚未被证伪的假设就代表了我们的知识体系。一些历史学家则认为，这种方法在实践中鲜有例证。

正如我们之前所探讨过的，库恩提出了历史证据的另一种用途，证明了它并不支持"科学知识会不断地积累"这一观点。他表示，知识会周期性地断裂，新的理解框架或世界观会不断出现。

我们在第 3 章中讨论的革命正是这种周期性动荡的证据。波普尔和库恩都强调了理论创造的重要性，因此忽略了事实收集和经验观察。

伊姆雷·拉卡托斯（Imre Lakatos，1922—1974）和保罗·费耶阿本德（Paul Feyerabend，1924—1994）都是波普尔的助理，两人也都就科学哲学提出了自己的见解。拉卡托斯试图调和波普尔和库恩的观点。费耶阿本德则在 1975 年发表的《反对方法》（*Against Method*）中指出，科学不是一个统一的知识体系，所以并不存在普适方法，相反，它是一种由不同知识对应的特定技术和过程组成的不连贯的拼凑物。

正如这个框架所揭示的那样，科学哲学的历史与科学本身的历史有着有趣的相似之处。一众学者（包括休厄尔、孔德、波普尔、库恩、费耶阿本德及其继承者）重新阐述了这一主题的基础。他们得出的结论是，科学哲学家的世界观同样会周期性地变化。

后现代世界中的科学

如第 6 章所述，在 20 世纪后期，历史与科学哲学之间的紧密联系扩展到了其他学科。编写科学史和理解科学本身的方法也更为多样化。一些新观点来自"外部"对科学的研究，比如其他学科，甚至其他信仰体系。这种渐进过程在第二次世界大战后发展起来，被称为科学史重新取向的浪潮。其中两个方向变化分别被称为"语言学转向"（Linguistic turn）和"社会学转向"（Social turn）。

语言学转向

"语言学转向"一词指的是科学史转向对语言和话语的研究，即研究科学发现被描述、传播和理解的方式。自 20 世纪 60 年代起，人文学科（历史、文学、文化和媒体研究）开始重新关注语言本身，其中具有代表性的是路德维希·维特根斯坦（Ludwig Wittgenstein，1889—1951）等哲学家，以及包括雅克·德里达（Jacques Derrida，1930—2004）在内的文学理论家的研究。维特根斯坦认为，哲学概念与语言密切相关。另一个独立的研究分支是结构主义（Structuralism），这种方法最初是为语言学研究而提出的，随后在 20 世纪 50 年代传播到了其他领域。结构主义试图从社会事件中找出抽象的模式或结构，并确定它们的组合规则。例如，克洛德·列维 – 斯特劳斯（Claude Lévi-Strauss，1908—2009）等人类学家试图通过研究社会仪式、血缘关系和神话等因素，来发掘社会的"深层语法"。

之后一代的哲学家和批判理论家，尤其是法国的学者发展出了一套批判结构主义的思想，即后结构主义（Poststructuralism）。德里达和米歇尔·福柯（Michel Foucault，1926—1984）等人认为，批判西方哲学的各种激进观点展现了西方文化本身在多大程度上定义了思维方式。在后结构主义者眼中，结构主义所认同的社会潜在"结构"并不是普遍可见的特征，而是受到文化的制约或是由文化创造的。因此，将科学方法应用于社会进程的尝试本身就存在偏见。后结构主义者试图通过研究多种立场或观点来理解世界。这样的立场不仅挑战了一直发展至 20 世纪 60 年代的对科学史的解释，还威胁着科学知识本身所享有的传统的特权地位。

虽然语言学转向的起源并不确定，定义也遭到摒弃，但它的核心观点是比较清晰的，即坚信我们对世界的理解是由语言深度过滤和塑造的。有人认为，修辞可以通过定义术语和相应的概念来创造人类的愿景。这种片面的观点会限制或扭曲我们对自然世界的认知。科学史学家借助这种方法来研究与宗教或政治相关的科学文本。他们试图探究科学家的话语如何影响其研究成果的呈现，以及如何使用文本来说服受众接受他们的解释。这种方法探索了科学成就的源起，并将它们与时代背景和其他各种历史研究更为明确地联系起来。在此之前，学者主要通过推理逻辑来解释科学，而现在，意识形态和利益能对科学做出更为充分的诠释。例如，有人可能会问，像艾萨克·牛顿、罗伯特·波义耳或路易·巴斯德这样的科学家，我们该如何通过他们读过的书和撰写的著作来描述他们？如果我们关注科学修辞，那么自然而然地就会对这些文本的创作背景产生兴趣。这还为研究不同国家的科学环境开启了大门。例如，热门期刊上有关科学文章的研究就与对维多利亚时期文化的学术研究密切相关，并揭示了欧洲和美洲各国对科学的不同态度。

社会学转向

正如语言学转向所展示的那样，越来越多的科学史学家开始关注科学知识背后的修辞因素和社会因素。自 20 世纪 70 年代起，科学史学家的关注点又一次发生改变，即所谓的"社会学转向"。这次变革的根源也可以在其他学科的思想中寻得踪迹。

自 20 世纪 50 年代以来，作为历史研究分支的社会史一直蓬勃发展，并引起了人们对"底层史"的关注。它的支持者认为，社会规范和信仰可以来自群众，并由群众来维系，而不是仰仗权威人士。在应用于科学史之后，社会史开始关注受众和社会公众的不同组成——按阶级、受教育程度、职业或国籍来区分，而不是关注从事科学研究的男性和女性。如此一来，科学史就可以关注到公众对科学思想的接受情况，而不再只聚焦于科学成果。实际上，社会史已经延伸到了科学文化史领域。这种方法关注的是科学与文化之间的关系，当历史学家认识到知识可能具有多种文化表现形式或受到文化的影响时，这种关系才有了意义。例如，当女科学家艾米丽·杜·沙特莱（Émilie du Châtelet）翻译了牛顿的《自然哲学的数学原理》，并对此书进行评注之后，法国人对笛卡儿理论的偏爱就逐渐减弱了。这种方法促使人们将科学视为一种对社会进程的更广泛的理解，即科学是一种充满情感、动机、错误和成功的人类集体活动。

社会学转向的第二个结果，是人们开始重视作为科学驱动力的工艺技能和手工知识。20 世纪 70 年代初，哲学家杰罗姆·拉维茨（Jerome Ravetz）指出，这种方法抵消了科学史学家一直以来对思想史的兴趣，他们不再关注概念及其变体，而是越来越深入地研究过程技能的重要性。例如，历史学家迈尔斯·杰克逊（Myles Jackson）曾指出，在 19 世纪早期的德国，约瑟夫·冯·夫琅和费（Joseph von Fraunhofer）在光谱学领域取得的成就，很大程度上应归功于他在精密光学方面的手工技能。

与后结构主义影响了"语言学转向"一样，相比社会史，对工艺技能和手工知识的重视使得"社会学转向"更为激进。我们可以进一步探索社会活动与科学发现之间的关系：社会活动是否不仅可以约束或过滤科学实践，也可以塑造科学信念？我们在第 5 章讨论过的 N 射线的研究就体现了这种可能性。勒内·布隆德洛对 N 射线的研究和主张就受到他所处的工作环境的制约。同一时期，X 射线和放射性的发现，以及测量光亮度和探测无线电波的先进技术的出现，使得他和他的法国同行接受了在其他社会背景中看起来极为荒谬的解释。几家法国实验室在论文中披露的数据后来被认为具有迷惑性和误导性。如果回到古希腊时期，我们也可以认为，亚里士多德对天堂的理解（这在西方占据正统地位长达 2 000 年）得到了当时盛行的神学思想和古代权威的支持。

这些案例说明，至少在某些时间点和某些特定时期，科学事实是社会建构的产物。

社会建构主义
Social
constructivism | 认为知识是一种由社会和文化塑造的人类产品，而非主要基于可发现的物理现实。

这种新方法产生了两个明显的后果。

● 其一，它使得科学史的研究更接近文学、人类学和社会学等领域。这类新的学术研究被贴上了"科学研究""科学技术研究"或"科学技术社会"（science-technology-society）等标签。

● 其二，它模糊了科学知识与其他形式的人类信仰之间的明确界限。20 世纪 70 年代，哲学和社会学为科学史学家带来了另一场思潮，即所谓的科学知识社会学（Sociology of scientific knowledge）。科学知识社会学是跨学科研究的产物，其主要创始人之一大卫·布鲁尔（David Bloor）认为，社会学因素影响着科学的各个方面，从课题选择到经费，从结果分类到传播，从观察到理论建构。20 世纪 60 年代后期，爱丁堡大学组建了一个科学研究小组，即爱丁堡学派，其成员对这一观点的两个版本进行了区分。他们认为，"弱纲领"（Weak Program）仅关注错误的科学信念背后的社会因素。因此，布隆德洛的 N 射线带来的鼓噪与支持他科学工作的社会因素不无关系，他的批评者则是因为（他们的）思想和理性客观的判断而获得了成功。正如带有贬义的"弱"所暗示的那样，爱丁堡学派的成员采用了一种不同的方法，他们称之为"强纲领"（Strong Program）。

根据"强纲领"，在公众所持有的科学信念是真理还是谬论这一问题上，有关科学实践的历史研究、社会学研究和哲学研究应努力保持中立。这种方法被称为"对称性"（symmetry）或"方法论相对主义"（methodological relativism），它同样关注今天被视为"成功"和"失败"的历史事件。科学史因此得以扩展，不仅记录和分析了我们秉持现有的科学信念的原因，而且包含了过去数不胜数的困境、失败倡议和错误观点。这不仅涉及"公平"对待所有历史人物，也是为了更好地理解我们的先辈所追求的知识策略和哲学。这种方法还将科学史延展到现在乃至未来，因此，历史学家、人类学家、哲学家和政策制定者可以以史为鉴，参考过去的科学实践和策略，并相互沟通交流。

然而，"强纲领"还有一个更激进的立场，即它支持社会建构主义。最初学者对"强纲领"进行阐释是为了研究一个假设，即在某种程度上，所有科学知识都是由社会建构的，甚至可能完全是如此构建的。这几乎驳斥了当时绝大多数科学史学者的观点，不过，爱丁堡学派的成员和其他学者仍将历史案例研究作为此类研究的基础。

这里举一个早期极具影响力的例子，即美国历史学家保罗·福曼（Paul Forman）在 1971 年提出的颇具争议的历史假设。"福曼论题"（Forman thesis）指出，早期的量子力学是由其所处的文化环境，也即两次世界大战之间的魏玛德国（Weimar Germany）塑造的。据称，由于德国在第一次世界大战中落败，受过教育的德国精英对理性、确定性过程和因果关系本身失去了信心。在这种文化环境中，德国物理学家决定支持维尔纳·海森堡提出的不确定性原理，而不是其他量子力学解释。这些文化压力在德国国内强化了海森堡不确定性原理，并推动了它在国际上的迅速传播，量子力学的哥本哈根诠释因此成为新的正统学说。随后，一些历史研究开始关注福曼的主张，以进一步探索可能影响科学本身的社会机制和文化机制。

以布鲁诺·拉图尔（Bruno Latour）为代表的学者提出了科学知识社会学的其他变体，从 20 世纪 70 年代开始，他们呼吁采取一种对科学、技术、知识和技术产品的更加激进的理解。1979年，拉图尔与社会学家史蒂夫·伍尔加（Stephen Woolgar）合著了《实验室生活：科学事实的建构过程》（*Laboratory Life: The Social Construction of Scientific Facts*），通过将人类学的方法应用于生物实验室，突破性地探索了科学。这些观点虽然超出了本书的范围，但它们推动了一些科学史学家的最新研究。

　　科学事业的理论化可能看起来毫无新意，也与前几代科学史学家的关注点脱节——早期的科学史学家更多地采用叙事风格，即精心构建经过研究的科学事件和历史人物的故事。他们可能也无法用自己的思想来吸引普通读者。然而，在 20 世纪 90 年代初，这些激进的立场却呈现出公开化，甚至政治化的一面。激进的建构主义者和实践科学家持有不同的观点，两种观点之间的差异被美国媒体称为"科学战争"（Science Wars），在杂志文章、校园辩论和电视采访中体现得淋漓尽致。他们通过最原始的形式，阐述了所谓的"相对主义者"（Relativist）和"现实主义者"（Realist）之间的分歧。相对主义者认为，根据妥协程度的不同，科学信仰受到科学实践所处社会背景的影响，甚至由其塑造或决定。现实主义者则支持古老且仍被广泛接受的哲学基础，他们认为，基于理性科学方法的人类知识能够准确描述自然世界。这两种观点有着微妙的相似性，使得这场"论战"乱上加乱。"科学战争"虽然已经尘埃落定，但在当代文化背景下仍与科学史息息相关。

反科学运动和大众信仰

　　在上文中，我们仅介绍了第二次世界大战以来不断变化的学术主张。如第 5 章所述，这一时期科学最显著的特点之一就是公众对科学权威的信心起起落落。因此，除了学术主张的转变，我们还可以追踪大众文化中对科学理解的变化。

对科学的批评其实与科学革命一样古老，并且得到了许多学者的支持。在 18 世纪下半叶，启蒙运动的宏大愿望遭到了以让-雅克·卢梭（Jean-Jacques Rousseau，1712—1778）为代表的学者的批评。卢梭批判了理性主义在创造更美好世界的过程中的力量和充分性，并认为人类不可避免地会被社会腐蚀。他认为，知识的进步会使权力集中在政府手中，这损害了个人自由。

在这些观念的支持下，19 世纪中叶，浪漫主义（Romanticism）发展成为影响着文学、艺术和音乐的重要文化力量和思想力量，并在一定程度上代表了对启蒙运动的主张的抵制。浪漫主义强调的是直接的个体经验、想象力、情感和直觉，而不是冷冰冰的理性。虽然最终未能达成共识，但浪漫主义仍然挑战了理性能够控制的范围，并强调了主观性和个性化。推而广之，这挑战了用来描述和解释自然世界复杂性的普适定律和科学方法，比如还原论和量化等。这些观点也引发了公众对当代科学的关注：环保主义（Environmentalism）和所谓的"深层生态学"（Deep ecology）很大程度上也要归功于浪漫主义运动，它们与以技术为导向的解决方案相对立，后者关乎本书曾提及的很多机械论哲学家和实践家的世界观。为了推动科学方法的不断扩展，浪漫主义的支持者提供了一整套基于特定经验的多层次论述。

还原论 Reductionism	将一个问题分解为更容易解释的几部分，或者从更基本的层面对解释进行简化和概括。（注意：在生物学中，还原论的定义有所不同，指的是对生命的唯物主义解释。）
整体论 Holism	考虑多个尺度和相互关联的因素所产生的影响。

这当中最具影响力的科学理论当属德国自然哲学（Naturphi-losophie），它强调了自然界和人、人造自然和原生自然的关系，并在德语世界里得到了约翰·沃尔夫冈·歌德（Johann Wolfgang Goethe，1749—1832）等人的广泛支持。德国自然哲学所采用的方法催生了17世纪和18世纪"新科学"的替代品，并拒绝了将问题分而治之的模式。例如，歌德对光和色彩的解释与一个世纪前牛顿的解释截然不同。与牛顿的理论相比，歌德的色彩理论有一个缺点，即人们很难凭借它做出预测。

就像第4章所讨论的那样，19世纪后期，虽然大众对科学进步的接受程度越来越高，但科学和技术变革的速度仍然招致了批评。浪漫主义提供了一种早期替代方案，其在20世纪发展成为一股相当独特的反对力量。第一次世界大战期间，达达主义（Dadaism）在瑞士诞生，它是一场反对逻辑和理性的文化运动。通过艺术、戏剧、宣言和设计，达达主义者表达了对非理性和混乱的支持，并以此抗议在他们看来导致了战争的从众性和反常逻辑。在 10 年的时间里，这场运动孕育了超现实主义（Surrealism）。超现实主义艺术家、作家和表演者将彼此无关的梦幻景象并置在一起，传达出对逻辑和有序思维的拒绝。

浪漫主义、达达主义和超现实主义等运动以各自不同的方式，分别成为反对现代文化的科技根基（在 19 世纪和 20 世纪早期得到发展）的重要案例。它们向科学解释的完整性发起了挑战，并提供了多种观点来代替一般性解释。尽管达达主义和超现实主义的成员主要是少数领域的精英，但这两场运动至少在短时间内影响了广泛的公众。

通过吸纳非西方的宗教、医学和形而上学思想，一股更直接的反科学浪潮逐渐传播开来。例如，新时代运动（New Age movement）可以被视为一种对精神和意识进行探索的个人主义方法。与前文提及的艺术运动一样，新时代运动抨击了科学方法的制约因素和局限性，并提出了对自然世界的整体理解。虽然"新时代"这个术语在 20 世纪 70 年代早期才开始流传，但它与 19 世纪后期发展起来的学说（如唯灵论和替代医学）有着密切的联系。同样，这一运动也无法构建出普适定义，其思想主体借鉴了许多文化中的宗教概念。例如，冥想和轮回等概念与东方宗教有关；对神秘和神秘的知识维度的关注源于一些宗教，包括基督教、犹太教和萨满教。

　　相关的实践也可以融合来自其他文化的医学传统，其中一些不仅历史悠久，而且流传甚广，比如针灸（来自中国）和阿育吠陀医学（Ayurvedic medicine，来自印度），另一些则是对旧概念的新诠释，比如芳香疗法采用了可以追溯到炼金术的理念。不可否认的是，这种零星的调查无法对挑战科学的知识形式做出公正的判断；本书虽然强调了科学观点的曲折发展和数次转变，但也只能勾勒出与之形成鲜明对比的社会背景。

　　不过，关于这些替代品，有一点值得深入探讨。一些批判性的观点不仅对传统科学提出了挑战，有时还试图吸纳和拓展科学。磁疗或光疗等替代疗法与科学有着很紧密的联系。"新时代"的思想受到了某些科学，尤其是心理学和生态学的影响。例如，它对量子力学的解释就借鉴了意识、因果关系和灵性之间的联系。"新时代"的主张所推崇的知识概念（即认识论）超越了科学的方法和理论。与唯灵论一样，"新时代"的一些信仰也借鉴了科学术语。就像唯灵论者从精神世界中发现了"振动"（vibration）一样，"水晶疗法"（crystal therapy）的倡导者可能会使用"共振"（resonance）、"能级"和"充电"（recharging）等词汇，替代疗法专家还可能会提到"毒素"（toxin）。这种对科学术语的滥用被统称为伪科学。对相关领域科学家的批评通常集中在这些主张缺乏可靠的证据，以及其中的基本思想不够准确。

伪科学
Pseudoscience | 没有适当的科学方法论却声称具有科学权威的知识体系。

　　反对现代科学的力量并非全部源自古老的传统或非西方的传统。例如，近几十年来，达尔文主义的坚定反对者一直从科学史和科学哲学中寻找论点，这些论点虽然很零碎，却能支持他们的主张。与 19 世纪早期的颅相学支持者一样，某些创世论（Creationism）的支持者试图采用科学方法论的某些元素，来构建一种"创造科学"（creation science）。他们可能会引用某些科学家的观点来充当支持相关主张（尽管其中大多数都有生物学以外的证据）的权威，或者将未得到充分解释的观察结果作为反驳进化论的重要证据。至于历史学家用于揭示许多科学主张的复杂历史的著作，则可能被创世论者用来暗示"所有科学正统都是不安全、不可靠的"。然而，这种"断章取义"的学术研究必然是支离破碎的，其根基也明显缺乏科学依据：一个特定的理论（《圣经》对创世的描述）超出了批判性调查和调整的范畴。相比之下，达尔文的进化论和孟德尔的遗传学更符合经验证据。

　　对生物学家所达成的共识的最严峻挑战，可能来自乌克兰农学家特罗菲姆·李森科（Trofim Lysenko，1898—1976）提出的一系列主张，他于 20 世纪中叶提出了获得性遗传（非常类似于 100 多年前拉马克的观点）。他曾提出"春化处理"（vernalization）方法，即将幼苗暴露在冬季条件下以使作物获得抗寒性。很多国家都针对这种育种法开展了细致的测试，却无法复制其成功的结果。承诺能够提高农作物产量的李森科主义在苏联得势，在1964年之前，它一直压制着孟德尔的遗传学。这导致在一段时间里苏联科学一直背负着伪科学的骂名。

从 20 世纪末开始，人们开始反对某些特定的科学主张，这些反对运动有着各自的目标，参与的人群也不尽相同。在 20 世纪 90 年代末，英国掀起了一场反对麻风腮疫苗接种的浪潮。由于只在英国引发争议，所以这个案例显得格外有趣，它让人们不禁思考，英国在那段时间里究竟出现了哪些特殊情况。原来，一位医生在进行了小规模调查之后，得出了麻风腮疫苗注射可能与少数接种儿童随后患上自闭症有关的结论。虽然大规模实验和统计分析等现代医学方法并不支持这一结论，但是在面对未经证实的传闻时，许多焦虑的父母仍然选择规避"可感知的"危险，拒绝让孩子接种这种疫苗。当然，这并不意味着对科学和医学的全盘否定，而是需要相关人员给出一些看似更易于接受的解释。例如，如果一个孩子分别接种预防腮腺炎、麻疹和风疹的疫苗，那么其患自闭症的风险可能会更低；英国医学会、国民健康服务和卫生部直接回应了上级部门的质问，并且统一了口径，因此遭到质疑；"骗子"医生在威胁企业和专业机构时会受到攻击。即使对理性的受众来说，阴谋论或许也要比沉闷、拖沓又晦涩的正统科学更具吸引力。这些主张通常会受到实践科学家的挑战，他们认为，即使考虑到政治、社会和文化因素，从长远来看，专家团体和个人（例如，在不同的政治和宗教体系下的不同国家开展业务）也应该就科学事实的问题达成一致。

这些近期出现的对科学知识和实践的挑战并非没有先例，正如本书所提到的，不同的方法论长期并存。这些挑战之所以意义非凡，是因为自科学革命以来，它们在西方经历了漫长的衰落之后，又在过去几百年里死而复生。无论新旧，它们都是科学史学家重点关注的对象。它们不仅与现代科学思想联系在一起，而且有望影响未来人们对待科学的态度，并推动科学融入更广泛的文化。因此，科学史应当牢牢地扎根于对当今情势的分析。

在普适和特殊之间

我们生活在一个充满变化、挑战与机遇的时代。现今的科学史比以往任何时候都更有活力，也更切题。其他学科和观点在丰富了科学史这门学科时，也使其颇具争议。有关"科学战争"的争论声已经淡去，但争论双方仍然不断通过历史研究展开"隔空对决"。因此，科学史上的热点变化多端、维度各异。这一领域适时地为学者提供了研究和探索的机会。

观察、技术创新、逻辑推理和知识应用均是科学的特征，并且都是人类社会中很容易识别且共享的属性。自然现象能激发人类的好奇心，并促使其展开相关的研究。在人类探索和征服自然的过程中，解释模式和应用知识都发挥了重要作用。科学史关注的正是呈现和塑造这些人类属性的无数情境。

除了这种看似无处不在的驱动力之外，科学史还会探索一些截然不同的文化表现形式。那些我们称之为"科学"的活动在特定的时间和地点出现，然后发生变异，并在这些环境中重新被塑造、应用。如何更好地识别和衡量这些事件及其背景？这个问题不断地激励着（有时分裂着）历史学家和科学家。科学史极具挑战的长期目标，是在多样化的人类事业中发现并解释思想和文化之间的微妙的相互作用。

　　以下列出的书籍既有大众读本，也有通俗易懂的学术专著，大部分都是廉价版本，展现了科学史上近期的各种发现。

1　科学的前世今生

　　Chalmers, A. F. 1978. *What is This Thing Called Science?* Milton Keynes, Open University Press.

　　Dobbs, B. J. T. and Jacob, M. C. 1994. *Newton and the Culture of Newtonianism.* Atlantic Highlands N. J., Humanities Press.

　　Kuhn, T, 1962. *The Structure of Scientific Revolutions.* Chicago, University of Chicago Press.

　　Olby, R. C., Cantor, G. N., Christie, J. R. R. and Hodge, M. J. S. (eds.) 1989. *Companion to the History of Modern Science.* London, Routledge.

2　伟大的思想和可靠的方法

　　Crombie, A. C. 1995. *The History of Science from Augustine to Galileo.* New York, Dover.

　　Crowe, M. J. 2001. *Theories of the World from Antiquity to the Copernican Revolution.* New York, Dover.

　　Grant, E. 2001. *God and Reason in the Middle Ages.* Cambridge, Cambridge University Press.

Kelly, D. H. and Milone, E. F. 2005. *Exploring Ancient Skies: An Encyclopedic Survey of Archaeoastronomy*. New York, Springer.

Lloyd, G. E. R. 1999. *Magic, Reason and Experience: Studies in the Origins and Development of Greek Science*. Indianapolis, Hackett.

Moran, B. T. 2005. *Distilling Knowledge. Alchemy, Chemistry, and the Scientific Revolution*. Cambridge MA, Harvard University Press.

Sobel, D. 1998. *Galileo's Daughter: A Drama of Science, Faith and Love*. London, Fourth Estate.

3 一场接一场走进死胡同的革命？

Browne, J. 2002. *Charles Darwin: The Power of Place*. New York, Knopf.

Darwin, C. 2006. *On the Origin of Species*. Mineola, Dover Thrift Edition.

Dear, P. R. 2001. *Revolutionizing the Sciences: European Knowledge and its Ambitions, 1500-1700*. Basingstoke, Palgrave.

Galilei, Galileo 2001. *Dialogue Concerning the Two Chief World Systems: Ptolemaic and Copernican*. New York, Modern Library.

Henry, J. 2002. *The Scientific Revolution and the Origins of Modern Science*. Basingstoke, Palgrave.

Kragh, H. 1996. *Cosmology and Controversy: The Historical Development of Two Theories of the Universe*. Princeton, Princeton University Press.

Miller, D. P. and Reill, P. H. 1996. *Visions of Empire: Voyages, Botany, and Representations of Nature*. Cambridge, Cambridge University Press.

4 科学的初衷，传播诱人的想法

Dixon, T. 2008. *Science & Religion: A Very Short Introduction*. Oxford, Oxford University Press.

Gigerenzer, G. 1989. *The Empire of Chance: How Probability Changed Science and Everyday Life*. Cambridge, Cambridge University Press.

Gould, S. J. 1997. *The Mismeasure of Man*. London, Penguin Science.

Kevles, D. J. 1985. *In the Name of Eugenics: Genetics and the Uses of

Human Heredity. New York, Knopf.

Markham, A. 1994. *A Brief History of Pollution*. London, Earthscan.

Smith, C. 1998. *The Science of Energy: A Cultural History of Energy Physics in Victorian Britain*. Chicago, University of Chicago Press.

Stenhouse, J. and Numbers, R. L. 1999. *Disseminating Darwinism: The Role of Place, Race, Religion and Gender*. Cambridge, Cambridge University Press.

5 魅力无限的 20 世纪，科学带来重大转折

Haber, L. F. 1985. *The Poisonous Cloud: Chemical Warfare in the First World War*. Oxford, Oxford University Press.

Hughes, J. 2003. *The Manhattan Project: Big Science and the Atom Bomb*. Cambridge, Icon.

Knight, D. 1986. *The Age of Science: The Scientific World-View in the Nineteenth Century*. Oxford, Basil Blackwell.

Krige, J. and Pestre, D. 1997. *Science in the 20th Century*. Amsterdam, Harwood Academic.

Reid, R. W. 1971. *Tongues of Conscience: War and the Scientist's Dilemma*. London, Panther.

Wang, J. 1999. *American Science in an Age of Anxiety: Scientists, Anticommunism and the Cold War*. Chapel Hill, University of North Carolina Press.

6 我们如何走到今天

Alic, M. 1986. *Hypatia's Heritage: A History of Women in Science from Antiquity to the Late Nineteenth Century*. London, Women's Press.

Iggers, G. G. 1998. *Historiography in the Twentieth Century: From Scientific Objectivity to the Post-Modern Challenge*. Hanover, University Press of New England.

Sayre, A. 1978. *Rosalind Franklin and DNA*. New York, Norton.

Schiebinger, L. 1989. *The Mind Has No Sex? Women in the Origins of Science*. Cambridge, MA, Harvard University Press.

Selin, H. 1997. *Encyclopaedia of the History of Science, Technology, and Medicine in Non-Western Cultures*. Dordrecht, Kluwer Academic.

Watson, J. D. 1999. *The Double Helix: A Personal Account of the Discovery of the Structure of DNA*. London, Penguin.

结　语　科学、历史和文化：进化中的观点

Barnett, S. A. 2000. *Science, Myth or Magic? A Struggle for Existence*. St. Leonard's, Allen & Unwin.

Collins, H. M. and Pinch, T. J. 1998. *The Golem: What You Should Know About Science*. Cambridge, Cambridge University Press.

Hess, D. J. 1993. *Science in the New Age: The Paranormal, its Defenders and Debunkers, and American Culture*. Madison, University of Wisconsin Press.

Ladyman, J. 2002. *Understanding Philosophy of Science*. London, Routledge.

Latour, B. and Woolgar, S. 1979. *Laboratory Life: The Social Construction of Scientific Facts*. Princeton, Princeton University Press.

Ziman, J. M. 1998. *An Introduction to Science Studies: The Philosophical and Social Aspects of Science and Technology*. Cambridge, Cambridge University Press.

未来，属于终身学习者

> 我这辈子遇到的聪明人（来自各行各业的聪明人）没有不每天阅读的——没有，一个都没有。巴菲特读书之多，我读书之多，可能会让你感到吃惊。孩子们都笑话我。他们觉得我是一本长了两条腿的书。
>
> ——查理·芒格

互联网改变了信息连接的方式；指数型技术在迅速颠覆着现有的商业世界；人工智能已经开始抢占人类的工作岗位……

未来，到底需要什么样的人才？

改变命运唯一的策略是你要变成终身学习者。未来世界将不再需要单一的技能型人才，而是需要具备完善的知识结构、极强逻辑思考力和高感知力的复合型人才。优秀的人往往通过阅读建立足够强大的抽象思维能力，获得异于众人的思考和整合能力。未来，将属于终身学习者！而阅读必定和终身学习形影不离。

很多人读书，追求的是干货，寻求的是立刻行之有效的解决方案。其实这是一种留在舒适区的阅读方法。在这个充满不确定性的年代，答案不会简单地出现在书里，因为生活根本就没有标准确切的答案，你也不能期望过去的经验能解决未来的问题。

湛庐阅读App：与最聪明的人共同进化

有人常常把成本支出的焦点放在书价上，把读完一本书当作阅读的终结。其实不然。

时间是读者付出的最大阅读成本
怎么读是读者面临的最大阅读障碍
"读书破万卷"不仅仅在"万"，更重要的是在"破"！

现在，我们构建了全新的"湛庐阅读"App。它将成为你"破万卷"的新居所。在这里：

- 不用考虑读什么，你可以便捷找到纸书、有声书和各种声音产品；
- 你可以学会怎么读，你将发现集泛读、通读、精读于一体的阅读解决方案；
- 你会与作者、译者、专家、推荐人和阅读教练相遇，他们是优质思想的发源地；
- 你会与优秀的读者和终身学习者为伍，他们对阅读和学习有着持久的热情和源源不绝的内驱力。

从单一到复合，从知道到精通，从理解到创造，湛庐希望建立一个"与最聪明的人共同进化"的社区，成为人类先进思想交汇的聚集地，与你共同迎接未来。

与此同时，我们希望能够重新定义你的学习场景，让你随时随地收获有内容、有价值的思想，通过阅读实现终身学习。这是我们的使命和价值。

湛庐阅读App玩转指南

湛庐阅读App 结构图:

三步玩转湛庐阅读App:

读一读 ▾

湛庐纸书一站买,
全年好书打包订

书城

听一听 ▾

泛读、通读、精读,
选取适合你的阅读方式

扫一扫 ▾

买书、听书、讲书、
拆书服务,一键获取

扫一扫

App获取方式:
安卓用户前往各大应用市场、苹果用户前往 App Store
直接下载"湛庐阅读"App,与最聪明的人共同进化!

使用App扫一扫功能，
遇见书里书外更大的世界！

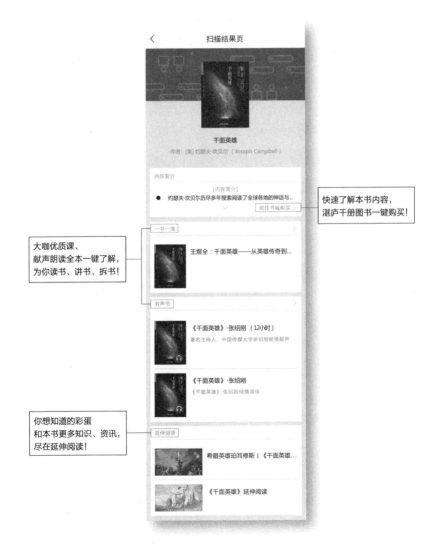

快速了解本书内容，
湛庐千册图书一键购买！

大咖优质课、
献声朗读全本一键了解，
为你读书、讲书、拆书！

你想知道的彩蛋
和本书更多知识、资讯，
尽在延伸阅读！

延伸阅读

《当下的启蒙》

◎ 比尔·盖茨喜爱的一本书。理查德·道金斯心中的诺贝尔文学奖级作品。尤瓦尔·赫拉利 2018 年挚爱推荐的一部图书。

◎ 当代伟大思想家史蒂芬·平克全面超越自我的作品，一部关于人类进步的英雄史诗。

《助燃创新的人》

◎ 继《伟大创意的诞生》后，美国前总统克林顿与英国前首相克莱尔赞誉有加的媒介理论家史蒂文·约翰逊的重磅新作。苇草智库创始人段永朝、易宝支付联合创始人余晨挚爱推荐。

◎ 围绕伟大化学家、氧气发现者约瑟夫·普里斯特利的传奇跨界一生，史蒂文·约翰逊为我们重现了普里斯特利的五大创新思维特质：跨学科思维特质、生态系统思维、长变焦视角、社交之网特性、乐观主义精神。

《伟大创意的诞生》

◎ 美国前总统克林顿与英国前首相克莱尔赞誉有加的媒介理论家史蒂文·约翰逊的重磅新作。

◎ 通过深入探究人类 600 年重要发明的创新自然史，史蒂文·约翰逊成功归纳出了七大创新模式：相邻可能、液态网络、慢直觉、意外的收获、有益的错误、功能变异、开放式"堆叠"平台。

《人类的价值》

◎ 是什么让人类如此独特？是否像很多人所认为的那样，因为拥有更高级的智力，人类才得以与其他物种区分开来？人类进化与社会变革领域的知名教授罗伯特·博伊德对这一命题进行了重新梳理，并驳斥了这种存在于大众之中的普遍观点。

◎ 北京大学国家发展研究院教授、财新传媒学术顾问汪丁丁，著名人类学家、进化生物学家约瑟夫·亨里奇等联袂推荐！

图书在版编目（CIP）数据

人人都该懂的科学简史 / （英）肖恩·F. 约翰斯顿
(Sean F. Johnston) 著；郭雪译 . -- 杭州：浙江教育
出版社，2020.10

ISBN 978-7-5722-0853-9

Ⅰ.①人… Ⅱ.①肖… ②郭… Ⅲ.①自然科学史—
世界 Ⅳ.① N091

中国版本图书馆 CIP 数据核字（2020）第 184930 号

上架指导：科普读物

浙江省版权局
著作权合同登记号
图字：11-2020-181号

人人都该懂的科学简史

RENREN DOUGAIDONG DE KEXUE JIANSHI

[英] 肖恩·F. 约翰斯顿　著

郭　雪　译

责任编辑：高露露　洪　滔
美术编辑：韩　波
封面设计：ablackcover.com
责任校对：傅　越
责任印务：沈久凌
出版发行：浙江教育出版社（杭州市天目山路 40 号　电话：0571-85170300-80928）
印　　刷：唐山富达印务有限公司
开　　本：880mm ×1230mm 1/32
印　　张：8.25　　　　　　　　　字　　数：175 千字
版　　次：2020 年 10 月第 1 版　　印　　次：2020 年 10 月第 1 次印刷
书　　号：ISBN 978-7-5722-0853-9　　定　　价：59.90 元

如发现印装质量问题，影响阅读，请致电 010-56676359 联系调换。